共産主義車

COMINTEREST VOL9　共産趣味インターナショナルVOL9　КОМИНТЕРЕС ТОМ9

ソ連編

松本京太郎

まえがき

　自動車は、世相の鏡である。内外装のデザインは時代の流行に大きく左右されるし、装備や性能は人々の安全意識や環境意識によって変化してきた。また、自動車文化というものは、国や地域によっても大きく異なる。経済基盤の強い国では自国内で自動車産業が発達するし、そうでない国では輸入に頼ることになる。後者の中でも、どのような自動車を使うかは、経済状況や国際関係によって千差万別だ。20世紀以降、人類の重要なパートナーとなった自動車には、その国や地域の経済事情、政治状況、時代の流行など、ありとあらゆる社会情勢が反映されているのだ。

　これは、ソビエト連邦を始めとする旧東欧共産圏の諸国においても同様である。生産手段の私有が禁止された社会主義国家では、自動車産業は国家による管理下に置かれた。どのような自動車を作り、どのように人民に供給するかは、全て国家によって決定される。これは、共産圏においては、市場の需要と企業の資本力のバランスで成り立つ資本主義諸国とは根本的に異なる自動車文化が形成されることを意味する。国家の経済力や人民の生活水準、政治思想、産業政策などの世相が、国家の意思によって自動車文化に如実に反映されるのだ。ことソ連においては、1930年代以来、国内の自動車需要はほぼ全て自国で賄ってきた。世界のどこにも類を見ない「共産主義車」だけの特異な自動車文化が育まれてきたことは想像に難くない。なんとも面白そうな話ではないか。

　ところが、我が国におけるソ連の自動車文化の扱いはあまりにも小さい。東西冷戦下においてソ連車が日本に輸入されることがほぼなく、(軍用車を除いては)重要視されることもなかったし、世界の自動車史における目立った功績がソ連車にあまりないのも大きな要因だろう。ニッチなジャンルとして断片的な情報だけが独り歩きし、「西側の製品をパクったポンコツ車」程度の扱いをされるのが関の山である。残念ながらそれは概ね正しい。しかし同時に、そのような自動車たちが、ソ連の成立から崩壊まで、そして各共和国が独立した現在でも、人民の生活に寄り添い、愛され、彼らの誇りとなったかけがえのない存在であることもまた事実である。掘り下げれば掘り下げるほど、独自の自動車文化に醸成された旨みが出てくるはずだ。

　本書は、日本の自動車界隈では日陰者だったソ連の自動車に光を当てる試みである。いかなる状況で開発に至り、その結果どのような特性を持つ自動車が誕生し、そしてどのように人民に扱われたのかという情報を、旧ソ連圏をはじめとする東欧諸国で撮りためた写真と共にお送りする。自動車に詳しくない方でも親しみやすいよう、専門技術的な話は最小限にとどめ、各車種の成り立ちや時代背景、雑学的な話題を多めに盛り込んだ。車種の選定においては、ソ連の自動車産業における世相の反映をテーマとし、民生品としての乗用車を最優先として、次いでトラックやバスに紙面を割いた。愛好家が多いであろう軍用車について多く触れられなかった点はご容赦願いたい。なお、生産開始がソ連崩壊以降となった「ロシア車」や「ウクライナ車」などがいくつか含まれるが、本書で取り上げた車種はいずれもソ連時代に開発が始まったものであり、広義のソ連車として扱うこととした。

　それでは、謎に満ちた「共産主義車」の世界を覗いてみよう。

目次

- **002** ── まえがき
- **003** ── 目次
- **006** ── ソ連の自動車産業概史
- **010** ── 本書で登場する自動車工場

019 ── 第1章 人民の乗用車

- **020** ── **KIM-10** 戦災に泣かされたソ初の大衆車
- **023** ── ★コラム ソ連車の命名規則
- **024** ── **MZMA-400/401 モスクヴィッチ 初代** ドイツから強奪したソビエト大衆車の元祖
- **028** ── **MZMA-402/407/403 モスクヴィッチ 2代目** 西側でも愛されたソ連設計の大衆セダン
- **032** ── **MZMA-408/412 モスクヴィッチ 3代目前期型** 好調な輸出に支えられたコンパクトセダン
- **036** ── **AZLK-2138/2140 モスクヴィッチ 3代目後期型** 停滞の時代を象徴する落ち目のセダン
- **039** ── AZLKのコンセプトカー
- **040** ── **AZLK-2141 モスクヴィッチ 4代目** 新設計で生まれ変わった末代モデル
- **044** ── **Izh-408/412 モスクヴィッチ** 武器屋が作る人民のセダン
- **048** ── **Izh-2125 コンビ** 規制の網をかいくぐる妙案ハッチバック
- **050** ── **Izh-2126 オーダ** 後ろ盾に見捨てられた不遇なハッチバック
- **052** ── Izhのコンセプトカー
- **053** ── ★コラム ソ連人民の自動車購入方法
- **054** ── **VAZ-2101 ジグリ** イタリアから来た新たなスタンダード
- **058** ── **VAZ-2103 ジグリ** ホワイトカラー向けの高級大衆車
- **060** ── **VAZ-2106 ジグリ** 皆が羨む高級車だったのに晩年は最底辺
- **062** ── **VAZ-2105 ジグリ** 無機質無個性のTHE共産主義車
- **066** ── **VAZ-2108 スプートニク** 現代に続く新世代のFFハッチバック
- **070** ── **VAZ-2110 110** ずんぐり奇怪なプレミアムコンパクト
- **073** ── ★コラム ソ連の自作車両
- **074** ── **ZAZ-965 ザポロージェツ 初代** VWとフィアットを融合させた鉄の豚
- **076** ── **ZAZ-966/968 ザポロージェツ 2代目** オーバーヒートに怯える人民のアシ車
- **080** ── **ZAZ-1102 タヴリヤ** フィエスタに喧嘩を売るも不戦敗
- **082** ── **SMZ-S-1L** 傷痍軍人に支給されたサイクロプス3輪車
- **084** ── **SMZ-S-3A** 喜劇のアイコンとなった自動式車椅子
- **086** ── **SMZ-S-3D** 障害者に移動の自由をもたらしたマイクロカー
- **088** ── **VAZ-1111 オカ** 走る棺桶と呼ばれたソビエト軽自動車
- **090** ── ★コラム ソ連の福祉車両

091 ── 第2章 特権階級の乗用車

- **092** ── **GAZ-A** ソ連初の量産乗用車はアメリカ生まれ
- **095** ── ★コラム ソ連のモータースポーツ① 〜黎明期とフォーミュラカー〜
- **096** ── **GAZ-M1** ライセンスを骨までしゃぶりつくしたセダン
- **100** ── **GAZ-M20 ポベーダ** ソ連初のオリジナル設計の乗用車
- **104** ── **GAZ-M21 ヴォルガ 初代** ソビエト高級車の新たなビッグネーム
- **108** ── **GAZ-24 ヴォルガ 2代目前期型** 耐久性は折り紙付きの高級セダン

もくじ **003**

- 112 ── **GAZ-3102 ヴォルガ 2代目後期型** ソ連崩壊で凋落した官僚向けセダン
- 115 ── **ヴォルガの迷走**
- 116 ── **GAZ-12 ZiM** キャデラック風味の官僚向け大型セダン
- 119 ── ★コラム ソ連のモータースポーツ② 〜国際ラリー〜
- 120 ── **GAZ-13 チャイカ 初代** 20年間製造が続いたソ連製高級車の極致
- 124 ── **GAZ-14 チャイカ 2代目** 豪華すぎてゴルバチョフに潰された高級車
- 127 ── ★コラム ソ連のモータースポーツ③ 〜速度記録車〜
- 128 ── **ZiS-101** 設計者の首を飛ばした欠陥まみれのリムジン
- 132 ── **ZiS-110** スターリンが愛したソビエト・パッカード
- 136 ── **ZiL-111** フルシチョフ時代のVIP向けリムジン
- 139 ── ★コラム ソ連を走った外国車
- 140 ── **ZiL-114** ブレジネフ時代のフラッグシップ
- 143 ── ★コラム ソ連のロータリーエンジン
- 144 ── **ZiL-4104** 指導者の交代で顔が変わる巨大リムジン

149 ── 第3章 オフロードカー

- 150 ── **GAZ-61** 設計は無茶だが技術獲得の立役者
- 152 ── **GAZ-64/67** 突貫作業で生まれたソビエト・ジープ
- 153 ── **GAZ/UAZ-69** 東側世界の標準装備となった小型オフロード
- 154 ── **UAZ-469** 40年間製造が続いた長寿オフロードカー
- 155 ── **UAZ-3160** 政府に裏切られたソビエト・ランクル
- 156 ── **UAZ-450/452/3741** 《ブハンカ》 半世紀を超えて愛されるオフロードバン
- 158 ── **LuAZ-969/1302** 《ヴォリーニ》 用途が特殊すぎたソ連初の民生オフロード
- 160 ── **GAZ-M72** 乗用車とトラックを融合したキメラSUV
- 162 ── **MZMA-410 モスクヴィッチ** フルシチョフ肝煎りの魔改造SUV
- 164 ── **VAZ-2121 ニーヴァ** 西側に衝撃を与えた大衆SUVの新星
- 168 ── 民生オフロードカーの試作車たち

169 ── 第4章 トラック

- 170 ── **AMO-F15** どさくさに紛れてコピーした初の国産自動車
- 171 ── **AMO-2/3** アメリカから買い付け、勝手に国産化
- 172 ── **ZiS-5** 戦勝に貢献した国民的中型トラック
- 174 ── **ZiS-150/164** あらゆる場面で活躍した戦後型トラック
- 176 ── **ZiL-130** ソ連の経済発展を支えた伝説的トラック
- 178 ── **ZiL-4331** 悪くはなかったが、発売が10年遅かった
- 179 ── **KAZ-606/608** 《コルヒーダ》 グルジア生まれの鉱山用トレーラー
- 180 ── **UralZiS-355** 疎開先で独自進化を遂げた旧式トラック
- 181 ── **UralZiS-355M** 極寒地域特化の適材適所トラック
- 182 ── **UralAZ-375** ソ連軍の輸送を支えたオフロードトラック
- 183 ── **UralAZ-4320** 石油危機で誕生したディーゼル仕様車
- 184 ── **GAZ-AA** 赤軍を支えたアメリカ生まれの小型トラック
- 186 ── **GAZ-51** 社会主義建設を支えた東側陣営の象徴的存在
- 188 ── **GAZ-52/53** 国家にも人民にも寄り添った万能トラック
- 190 ── **GAZ-66** 人間工学完全無視のオフロードトラック
- 191 ── **GAZ-3307** 時代遅れながらも、結果的には長寿車種
- 192 ── **YaGAZ-Ya-3** 過負荷に苦しんだ初の国産大型トラック

- 193 ── **YaAZ-YaG-3** ソ連の工業化を支えた大型トラック
- 194 ── **YaAZ/MAZ-200** 2ストディーゼルが唸る戦後の大型トラック
- 195 ── **MAZ-500** キャブオーバーを採用した先進設計トラック
- 196 ── **MAZ-5336** 現代に続く欧州基準の民生用トラック
- 197 ── **KamAZ-5320** 軍民問わず幅広く活躍する新世代トラック
- 198 ── その他のトラックと特殊車両
- 200 ── ★コラム ソ連のモータースポーツ④ 〜トラックレース〜

201 ── 第5章　バスとバン

- 202 ── **ZiS-8** トラックベースの最古参国産バス
- 203 ── **ZiS-16** 景観を意識した流麗な流線形ボディ
- 204 ── **ZiS-154** ソ連には早すぎたe-Powerバス
- 205 ── **ZiS-155** 退化するも堅実な設計で路線を支えたバス
- 206 ── **ZiS-127** 国際規格不適合で引退を強いられた不遇バス
- 207 ── **ZiL/LiAZ-158** 急遽開発された延命仕様の大型バス
- 208 ── **LiAZ-677** 新技術を多数盛り込んだ大食いバス
- 209 ── **LiAZ-5256** 現代に繋がる新世代の都市型路線バス
- 210 ── **LAZ-695** ウクライナ生まれの流麗な中型バス
- 212 ── **LAZ-4202** 政府指示の突貫作業で生まれた不良品
- 213 ── **GAZ-3** 1940年代の郊外路線を支えた小型バス
- 214 ── **GZA/KAvZ/PAZ/RAF-651** ソ連全土で製造された人民のアシ
- 216 ── **PAZ-652** 先進的なモノコックボディの小型バス
- 217 ── **PAZ-672** 耐久性には自信アリ！地方都市人民のアシ
- 218 ── **PAZ-3205** 先進設計のおかげで30年間現役車種
- 219 ── **KAvZ-685** 農村人民に寄り添うボンネットバス
- 220 ── **KAvZ-3976** 設計が古すぎて路線バスとして認められず
- 221 ── 少数生産バス
- 224 ── ★コラム　トロリーバス
- 226 ── **RAF-10 フェスティヴァーリ** ラトビア生まれの元祖ソ連ミニバス
- 228 ── **RAF-977 ラトビア（初代）** 路線網の拡充に貢献した公共交通の革命児
- 230 ── **RAF-2203 ラトビア（2代目）** モスクワ五輪を陰で支えた新世代ミニバス
- 233 ── **ErAZ-762** アルメニア育ちの低耐久性おんぼろバン
- 234 ── **GAZ-2705/3302/3221** GAZの窮地を救った新時代の看板車種
- 235 ── **SARB-スタルト** ドンバス生まれの挑戦的ミニバス
- 236 ── **ZiL-118/3207 ユーノスチ** 国内外で絶賛された悲運の高級ミニバス

- 238 ── あとがき
- 239 ── 参考文献

ソ連の自動車産業概史

• **1896-1917年　帝政時代の自動車生産**

　カール・ベンツによって世界初となるガソリンエンジンの自動車が発明されたのは、1885年のことだった。欧米各国の実業家たちは、自動車の有用性と将来性を確信し、1890年代にかけて次々と自動車会社が勃興した。ロシアも例外ではなく、馬車工場を経営するP. フレゼとE. ヤコブレフの協業によって、1896年に初のロシア国産自動車が誕生した。

　ところが、1900年代に入ると明暗が分かれた。欧米各国では、自動車の軍事的有用性を見出した政府が資金援助を行ったことで、自動車会社は技術革新と工場の拡大を遂げ、国を支える「産業」へと発展した。他方、ロシアでは第一革命と日露戦争による二重の経済苦に見舞われ、自動車産業に投資などできる財政状況ではなかった。その結果、1910年代のロシアは自動車需要の約95％を輸入に頼ることになり、ノックダウン生産ですら3％にとどまった。1908年にはルッソバルトに自動車部門が設立されたが、年間数十台程度の生産能力しかなく、需要を満たすには程遠かった。

ルッソバルトK12/20。税率の低い低出力仕様で、それなりに評価は高かった。

　状況が一変したのは、1914年の第一次世界大戦の勃発だった。当時の自動車輸入の8割以上を頼っていたドイツが敵国となったことで、ロシアの自動車業界は大打撃を受けた。加えて、戦線での装甲車の有用性が証明されたことで、ロシア政府は慌てて国内自動車産業の育成に着手した。政府の資金援助によって外資系自動車会社が誘致され、1916年にはモスクワとヤロスラヴリで自動車工場の建設が始まった。これでロシアでも自動車産業が成立するかに思われた。

• **1917-1924年　ソ連成立と国営企業体の創設**

　1917年には、二月革命によって帝政が崩壊し、十月革命によってレーニンが主導する社会主義のソビエト政権が誕生した。生産手段の共有を説くマルクス主義に立脚するソビエト政権は、建設が進んでいた自動車工場や修理工場を強制的に国有化し、最高国民経済会議傘下のトラスト「国営自動車工場総局（Glavavtozav）」が創設された。しかし、革命の混乱と内戦の勃発によって工場建設は中断され、既存の工場は装甲車の少数生産と修理を担った。

　1922年に内戦が終結してソビエト連邦が成立したことで、モスクワとヤロスラヴリの工場建設が再開され、同時にトラストがソ連最高国民経済会議傘下の「国営自動車工場中央総局（TsUGAZ）」に改組された。1924年には、AMOで部品の製造から組立までを全て国内で完結する初の純国産トラック「F15」の量産が始まった。ソ連における自動車産業の出発点であった。

- **1924-1941 年　大量生産体制の確立**

　1920 年代後半から 1930 年代にかけて、発展する国内経済と軍備の強化によって、自動車の需要が急速に拡大した。農業国から工業国への転換を画策するスターリン政権にとっても、自動車産業の発展は悲願であった。しかし、企業経営の経験が乏しいソ連政府にとって、独力で技術開発と生産拡大を行うことは困難であり、年間 4,000 台程度の製造が限界であった。

　そこで、スターリン政権は、外国の自動車会社の技術協力を仰ぐことにした。第一次五か年計画の目玉として、フォード社とのライセンス契約が盛り込まれ、1929 年にニジニノヴゴロド、モスクワ、ハリコフの 3 都市にフォード監修の自動車工場が建設された。1932 年にはいずれもフォードから独立した工場となり、特にゴーリキー（旧ニジニノヴゴロド）の工場は「GAZ」としてソ連の中核的自動車工場として成長する礎を築いた。これと並行して、モスクワの ZiS（旧 AMO）やヤロスラヴリの YaGAZ でも大幅な近代化改修が実施され、管理体制についても抜本的な改革が行われた。自動車の種類やサイズに応じて各工場で分業が図られ、それぞれ独自に開発製造を担うことになった。この分業体制は、戦後も基本的に維持されることとなる。

1930 年に NNAZ でライセンス製造されたフォード AA の 1 号車。五か年計画の達成が宣伝されている。

　工業化政策の前進を受けて、1937 年には重工業人民委員会から機械製造人民委員会が独立し、国営自動車工場は同委員会傘下の「自動車産業総局（Glavavtoprom）」に収まった。翌年には、ソ連全体での自動車生産台数が 21 万台を超え、大量生産体制が確立された。

- **1941-1945 年　戦時体制下での停滞と発展**

　かくして軌道に乗ったソ連の自動車産業だったが、1941 年に始まった独ソ戦で一時の停滞を余儀なくされた。当時の自動車工場は、モスクワを始めとしたロシア西部に集中しており、ドイツ軍の激しい攻撃にさらされる中、中央部のウラル地方へと工業疎開が行われた。乗用車の製造は完全に停止され、軍需工場へと転換された。トラックは軍需品として製造が続いたが、新型車の計画などは全て白紙となった。

　1941 年末には、アメリカがソ連に対して軍事物資を援助するレンドリースが開始された。提供された物資の中には、アメリカ製の先進的な軍用自動車が数多く含まれていた。ソ連の研究所や各工場の設計局は、これらの最新鋭技術を徹底的に研究した。この時に蓄積された知見は、戦後のソ連製自動車に大きな影響を与えることになった。

　1942 年には、早くも戦後を見据えた自動車産業の復興計画の策定が始まった。アメリカの技術を取り入れた新型車両の設計や、ミンスクの MAZ を始めとする大規模自動車工場の新設も盛り込まれた。

- **1945-1970 年　自動車産業の成熟と停滞**

　戦間期の後半に策定された自動車産業復興計画は、終戦とともに満を持して開始された。

1945年8月に採択された復興計画では、1950年までに自動車生産台数を60万台に到達させるという大胆な目標が掲げられた（翌年に50万台に下方修正）。もっとも、戦争で荒廃したソ連全体の復興が求められる中で、自動車産業に割かれる物的・人的資源が不足していることは明らかだった。そこで重要な役割を果たしたのが、敗戦国からの「賠償物資」の調達である。ドイツやポーランド、満洲などのソ連軍占領地域における自動車製造関連企業が解体され、1947年までに3万基を超える設備がソ連に持ち出された。これらの設備を利用して、ソ連の自動車生産能力は大幅に拡充され、一般のソ連人民が購入可能な小型乗用車「モスクヴィッチ」の製造も始まった。なお、1950年の生産台数は36万台超にとどまった。

　1950年代に入ると、比較的安定したペースでの生産拡大が行われるようになり、1955年には各国営工場が自動車産業省の直轄となった。ところが、経済発展に伴う国内の自動車需要は、政府の予想を超えて急増した。リソースは国家資本であるトラックの製造に優先的に割り当てられ、1970年代に至るまで「トラック8割：乗用車2割」という生産比率がほぼ固定化されてしまった。個人消費材としての乗用車の購入には、とてつもなく長い納期を待たなくてはならなかった。1970年時点での人口1,000人あたりの自動車保有台数はわずか6台と主要国でも屈指の低さで、計画経済の歪みと停滞が顕在化したものといえよう。

　1948年には、ソ連製自動車の海外輸出が開始された。主な市場は東欧共産圏だったが、価格の安さを武器に西側市場にも進出し、一定の購買層の獲得に成功した。政府も外貨収入源として自動車輸出を重視したため、国内需要は後回しにされて納期の長さに拍車をかけた。

1956年頃のMZMAの製造ライン。モスクヴィッチの多くは輸出に回された。

• **1970-1991年　新世代自動車工場の躍進**

　乗用車の生産能力の大幅な不足は慢性的な課題となっており、抜本的な改革が急務となっていた。ソ連独力での解決に限界を見た政府は、1966年にフィアット社と提携を結び、西側流の生産組織と設備を備えた大規模な自動車工場を新設することを決定した。政府から優先的な投資が実施され、建設地の町ごと開発が行われた。こうして1970年にVAZが操業を開始し、乗用車「ジグリ」の製造が始まったことで、1972年にはトラックと乗用車の生産台数がついに逆転した。1970年代後半には年間130万台の乗用車を安定して生産できるようになり、1980年の人口1,000人あたりの自動車保有台数は30台と、10年前の5倍に成長した。フィアットの技術を用いた新型車は品質も高く、輸出

1970年のVAZの製造ライン。写真の生産1号車はトリヤッチの博物館に保存されている。

台数も約4倍になった。

VAZで得た経験を応用し、1976年には新設のトラック工場KamAZも操業を開始した。年間15万台の生産能力が増強され、常に不足していた自動車需要が次第に満たされるようになった。1985年には、トラックと乗用車を合わせて約224万台の自動車が製造された。これがソ連自動車産業の頂点であった。

もっとも、この栄華は新世代工場に限った話である。これ以外の工場は、ペレストロイカ期に至ってもなお旧態依然とした「停滞の時代」の機構が残っていた。設計局には多少の自由が与えられたが、実験場や生産設備などの予算は渋られ、西側なら2年で完成させる車を10年かけて開発するような停頓が常態化していた。旧来の工場は次第に生産数を減らし、ソ連崩壊後の末路も明るくはなかった。

• 1991年以降　ソ連の崩壊と市場経済

1991年にソ連が崩壊すると、各自動車工場は大量に流入する西側製自動車との競争を余儀なくされるようになった。多くの工場が民営化され、西側流の企業体へと改組された。しかし、ソ連時代に設計された自動車のほとんどは、市場経済に鍛え上げられた西側の自動車との競争力など持っておらず、苦戦を強いられた。軍用自動車やトラックの工場は、国家や事業者からの需要で食いつないだが、安さ以外の武器がない乗用車は壊滅的で、10年以内にほとんどの工場が破産して西側企業への身売りを余儀なくされた。唯一の例外はVAZで、ソ連時代の莫大な投資を糧に、海外資本を受け入れながらも乗用車一本で生きながらえた。ソ連は滅びたが、ソ連車の血脈は今もなお続いてる。

本書で登場する自動車工場

ソ連では、自動車工場ごとに異なる車種を開発製造する分業体制がとられた。それぞれの工場が、資本主義諸国でいうところの自動車会社にあたると考えてよい。ほとんどは「地名＋自動車工場」という無機質な名前を付けられ、頭文字を取った略称で呼ばれることが多い。
以下に、本書で登場する自動車関連工場を、ロシア語アルファベット順でご紹介する。なお、本書では略称をラテン文字で表記するが、これらは原則として英国規格（BS 2979:1958）に則ってキリル文字を置換したものである。

AZLK/АЗЛК
- (J) レーニンコムソモール記念自動車工場
- (RUS) Автомобильный Завод имени Ленинского Комсомола

1968 年にコムソモール創設 50 周年を記念して、MZMA から改名された。大衆車「モスクヴィッチ」を製造した。

AMO/AMO
- (J) モスクワ自動車会社
- (RUS) Автомобильное Московское Общество

帝政時代の 1916 年にフィアットの技術協力で創設。1924 年からソ連初の量産自動車となるトラック「F15」を製造した。1931 年に ZiS へと改称。

ATUL/АТУЛ
- (J) レニングラードソビエト交通管理局
- (RUS) Автотранспортное Управление Ленсовета

1932 年にレニングラードの公共交通管理を目的として創設。1934 〜 50 年にかけて ZiS 製シャシーを使って独自デザインのバスを製造した。

BakAZ/БакАЗ
- (J) バクー自動車工場
- (RUS) Бакинский Автомобильный Завод
- (AZ) Бакы Автомобил Заводу

1978 年に PAZ から移管された冷凍車製造のために創設。1989 年以降はバスも製造した。

BAZ/БАЗ
- (J) ブリャンスク自動車工場
- (RUS) Брянский Автомобильный Завод

1958 年に ZiL の外局として創設。弾道ミサイル運搬車等、軍用大型特殊車両の製造を担った。

BelAZ/БелАЗ
- (J) ベラルーシ自動車工場
- (RUS) Белорусский Автомобильный Завод
- (BY) Беларускі Аўтамабільны Завод

1958 年にミンスク郊外のジョジナに創設。MAZ から移管された鉱山用大型ダンプカー等を製造した。

VAZ/ВАЗ
- (J) ヴォルガ自動車工場
- (RUS) Волжский Автомобильный Завод

1970 年にフィアット社の技術協力の元、トリヤッチに創設。ソ連初の NAMI を通さずに技術開発から製造までを完結する新世代工場だった。大衆車「ジグリ」を始めとする乗用車の製造を担い、「ラーダ」ブランドで国内外に展開した。エンブレムは工場の頭文字「В」と

バイキングの帆船をかたどったもので、新天地を目指して前進する象徴とされる。

VFTS/ВФТС
- Ⓙ ヴィリニュス交通機関工場
- ⓇⓊⓈ Вильнюсская Фабрика Транспортных Средств
- ⓁⓉ Vilniaus Transporto Priemonių Gamykla

1978 年にラリー用スポーツカー専門の工場として創設。主に VAZ 製の車両をチューニングして販売した。

VOEZ/ВОЭЗ
- Ⓙ ヴォロシロヴグラード試験工場
- ⓇⓊⓈ Ворошиловградский Опытно-экспериментальный Завод
- ⓊⒶ Ворошиловградський Дослідно-експериментальний Завод

1948 年に石炭産業省傘下の消火器工場として創設。鉱山救助隊の装備品を中心に製造し、1970 年以降は救助隊向けの小型バス「ゴリゾント」シリーズを製造した。

GAZ/ГАЗ
- Ⓙ ゴーリキー自動車工場
- ⓇⓊⓈ Горьковский Автомобильный Завод

1929 年にフォード社の技術協力の元でニジニノヴゴロド自動車工場（NNAZ）として創設。1932 年の町名変更に伴って GAZ に改称された。高級乗用車「ヴォルガ」や「チャイカ」、トラック「51」などを製造した。1949 年以降のエンブレムは、ゴーリキー市章の鹿が描かれる。

GZA/ГЗА
- Ⓙ ゴーリキーバス工場
- ⓇⓊⓈ Горьковский Автобусный Завод

1946 年に GAZ のバス製造部門が独立して創設。ボンネットバス「651」を製造したが、1952 年に無線機工場に転換され、バス製造は PAZ に移管された。

DAZ/ДАЗ
- Ⓙ ドニプロペトロフスク自動車工場
- ⓇⓊⓈ Днепропетровский Автомобильный Завод
- ⓊⒶ Дніпропетровський Автомобільний Завод

1946 年に創設。中型トラックを製造する予定だったが、調整が付かず国防産業省傘下に移管され、ミサイル工場となった。

ErAZ/ЕрАЗ
- Ⓙ エレバン自動車工場
- ⓇⓊⓈ Ереванский Автомобильный Завод
- ⒶⓂ Երևանի Ավտոմոբիլային Գործարան

1965 年にフォークリフト工場を改組して創設。RAF の小型バン「762」の製造が移管され、1995 年の破産まで一車種のみで食いつないだ。

ZAZ/ЗАЗ
- Ⓙ ザポリージャ自動車製造工場
- ⓇⓊⓈ Запорожский Автомобилестроительный Завод
- ⓊⒶ Запорізький Автомобілебудівний Завод

1960 年に農業機械工場を改組して創設。国民車「ザポロージェツ」を始めとする、国内消費向けの小型乗用車の製造を担った。

ZiL/ЗиЛ
- Ⓙ リハチョフ記念工場
- ⓇⓊⓈ Завод имени Лихачева

1956年のスターリン批判を機に、ZiSから改称された。リハチョフは、1926〜50年の長きにわたってAMO/ZiSの工場長を務めた人物。高級リムジン「4104」や中型トラック「130」などを製造した。

ZiS/ЗиС
- Ⓙ スターリン記念工場
- ⓇⓊⓈ Завод имени Сталина

1931年にAMOから改称された。中型トラック「5」「150」などのほか、党幹部向けのリムジン「110」などの製造を担った。1956年にZiLへと改称された。

ZiU/ЗиУ
- Ⓙ ウリツキー記念工場
- ⓇⓊⓈ Завод имени Урицкого

帝政時代から続く鉄道部品製造工場。1941年に工業疎開でブリャンスクからエンゲリスに移動し、戦後はトロリーバスの製造を担った。

ZMZ/ЗМЗ
- Ⓙ ザヴォルジエエンジン工場
- ⓇⓊⓈ Заволжский Моторный Завод

1958年創設のエンジン工場。GAZやUAZ向けのエンジンの製造を担った。

Izh/Иж
- Ⓙ イジェフスク自動車工場
- ⓇⓊⓈ Ижевский Автомобильный Завод

AZLKの製造遅滞の緩和のため、1966年にルノーの技術協力のもと創設。国防産業省傘下に置かれたが、「モスクヴィッチ」などの乗用車を製造した。

KAvZ/КАвЗ
- Ⓙ クルガンバス工場
- ⓇⓊⓈ Курганский Автобусный Завод

1957年に創設。PAZの旧型バス「651」の製造が移管され、以来ボンネットバス専門の工場となった。

KAG/КАГ
- Ⓙ カウナスバス工場
- ⓇⓊⓈ Каунасский Автобусный Завод
- ⓁⓉ Kauno Autobusų Gamykla

戦前から続くバス工場。1949年に接収されて国営となり、旧式バス「3」を細々と製造した。

KAZ/КАЗ
- Ⓙ クタイシ自動車工場
- ⓇⓊⓈ Кутаисский Автомобильный Завод
- ⒼⒺ ქუთაისის საავტომობილო ქარხანა

1950年創設。ドイツからの賠償物資をふんだんに使い、ZiS製トラックの部品や、鉱山用トラック「コルヒーダ」などを製造した。

KamAZ/КамАЗ
- Ⓙ カマ自動車工場
- ⓇⓊⓈ Камский Автомобильный Завод

1976年にタタールスタンのナベレジニエ・チェルヌイに創設。ZiLから移管された大型トラック「5320」などを製造した。パリダカへの出場で有名。

KZET/КЗЭТ

- Ⓙ キエフ電気交通工場
- ㎘Ⓢ Киевский Завод Электротранспорта
- Ⓤ Ⓐ Київський Завод Електротранспорту

帝政時代に設立された路面電車修理工場。1935年からトロリーバスの製造が始まり、戦後は「キエフ」シリーズを製造した。

KIM/КИМ

- Ⓙ 共産主義青年インターナショナル記念モスクワ自動車工場
- ㎘Ⓢ Московский Автомобильный Завод имени КИМ

1930年にNNAZ外局の組立工場として創設。1939年に独立した自動車工場となり、小型乗用車「10-50」の製造をになった。モスクワ小型車工場（MZMA）が事実上の後継。

KMZ/КМЗ

- Ⓙ クラスノダール機械工場
- ㎘Ⓢ Краснодарский Механический Завод

ロシア文化省傘下の修理工場と家具工場を合併させて1962年に創設。劇団員輸送や文化活動支援用のバス「クバーニ」シリーズの製造を担った。キエフバイク工場（KMZ）とは別物。

КР/КП

- Ⓙ クラスヌイ・プチロヴェツ
- ㎘Ⓢ Красный Путиловец

帝政時代から続くレニングラードの老舗の兵器・造船工場。二月革命の発端ともなった。1932年に初の国産リムジンの試作車「L-1」を製造した。

KrAZ/КрАЗ

- Ⓙ クレメンチュク自動車工場
- ㎘Ⓢ Кременчугский Автомобильный Завод
- Ⓤ Ⓐ Кременчуцький Автомобільний Завод

トウモロコシ栽培を国策にしようとしたフルシチョフの思い付きで設立されたコンバイン工場を前身に1958年に創設。MAZから移管された大型軍用トラック「255」などの製造を担った。

LAZ/ЛАЗ

- Ⓙ リヴィウバス工場
- ㎘Ⓢ Львовский Автобусный Завод
- Ⓤ Ⓐ Львівський Автобусний Завод

1945年に戦災復興の一環として創設された自動車部品工場が前身。1955年にバス工場となり、中型バス「695」などを製造した。

LiAZ/ЛиАЗ

- Ⓙ リキノバス工場
- ㎘Ⓢ Ликинский Автобусный Завод

1959年にZiLのバス部門が移管され創設。「677」を始めとするソ連全土に普及する大型バスを製造した。

LuAZ/ЛуАЗ

- Ⓙ ルーツィク自動車工場
- ㎘Ⓢ Луцкий Автомобильный Завод
- Ⓤ Ⓐ Луцький Автомобільний Завод

1966年創設。ZAZから移管された小型オフロードカー「969」の製造を担った。

MAZ/МАЗ

- Ⓙ ミンスク自動車工場
- ⓇⓊⓈ Минский Автомобильный Завод
- ⒷⓎ Мінскі Аўтамабільны Завод

ドイツ軍占領下で作られた修理工場を元に、奪還後の 1944 年にレンドリース品の組立工場として創設。YaAZ から移管された「200」などの大型トラックの製造を担った。

MeMZ/МеМЗ

- Ⓙ メリトポリエンジン工場
- ⓇⓊⓈ Мелитопольский Моторный Завод
- ⓊⒶ Мелітопольський Моторний Завод

1908 年創業の老舗エンジン工場。1960 年以降は、ZAZ や LuAZ の小型乗用車向けのエンジン製造を担った。

MZMA/МЗМА

- Ⓙ モスクワ小型自動車工場
- ⓇⓊⓈ Московский Завод Малолитражных Автомобилей

1946 年に KIM 跡地に創設。ドイツから持ち出された賠償物資を利用し、小型乗用車「モスクヴィッチ」の製造を担った。1968 年に AZLK へと改称された。エンブレムはクレムリンのスパスカヤ塔がモチーフ。

MMZ/ММЗ

- Ⓙ ムィティシ機械製造工場
- ⓇⓊⓈ Мытищинский Машиностроительный Завод

帝政時代から続く機械工場。路面電車や軍装品の製造を担っていたが、1947 年からは ZiS 製トラックベースのダンプカーを、1972 年からはトレーラーも製造した。

MoAZ/МоАЗ

- Ⓙ モギリョフ自動車工場
- ⓇⓊⓈ Могилевский Автомобильный Завод
- ⒷⓎ Магілеўскі Аўтмабільны Завод

1966 年創設。MAZ から移管された単軸トラクターを始めとする、大型特殊車両の製造を担った。

NAZ/НАЗ

- Ⓙ ノヴォシビルスク自動車工場
- ⓇⓊⓈ Новосибирский Автомобильный Завод

1945 年創設の工場。賠償物資を用いてトラックを製造する予定だったが、使い古された機械しか割り当てられず、結局ウラン濃縮工場に転換された。

NAMI/НАМИ

- Ⓙ 自動車エンジン科学研究所
- ⓇⓊⓈ Научный Автомоторный Институт

1920 年創設の研究所。外国製自動車や先進技術の研究を担い、この研究成果をもとに各工場で製品開発が実施された。1931 年にトラクター部門と合併して NATI となったが、1946 年に分離されて再び NAMI となった。

PAZ/ПАЗ

- Ⓙ パヴロヴォバス工場
- ⓇⓊⓈ Павловский Автобусный Завод

1952 年に GZA の製造設備が移管されて創設。キャブオーバー型の小型バス「672」などの製造を担った。

PMZ/ПМЗ
- (J) プスコフ機械工場
- (RUS) Псковский Механический Завод

土地改良水利省傘下の修理工場。1968 年からは同省向けの小型バス「PAG」シリーズの製造を担った。

RAF/РАФ
- (J) リーガバス工場
- (RUS) Рижская Автобусная Фабрика
- (LV) Rīgas Autobusu Fabrika

リーガ第二修理工場（RARZ）を前身に、1954 年にバス工場として創設。バルト地方向けの小型バス「251」や、ミニバス「ラトビア」シリーズの製造を担った。

SAZ/САЗ
- (J) サランスクダンプカー工場
- (RUS) Саранский Завод Автосамосвалов

1960 年創設のダンプカー工場。GAZ 製のトラックをベースとしたダンプカーの製造を担った。

SARB/САРБ
- (J) セヴェロドネツク自動車修理基地
- (RUS) Северодонецкая Авторемонтная База
- (UA) Сєвєродонецька Авторемонтна База

フルシチョフの経済改革に伴い、ルガンスク経済会議傘下の修理工場として創設。グラスファイバーボディのミニバス「スタルト」などを製造した。

SVARZ/СВАРЗ
- (J) ソコリニキ車両修理組立工場
- (RUS) Сокольнический Вагоноремонтно-строительный Завод

帝政時代に創設された路面電車修理工場。1933 年以降はトロリーバスの組立製造も担った。

SMZ/СМЗ
- (J) セルプホフバイク工場
- (RUS) Серпуховский Мотоциклетный Завод

1939 年創設のオートバイ工場。1952 年以降は身障者向けのサイクルカー「S-1A」などの製造を担った。1995 年に VAZ から小型車「オカ」の製造が移管され、セルプホフ自動車工場（SeAZ）となった。

TART/ТАРЗ
- (J) タルトゥ自動車修理工場
- (RUS) Тартуский Авторемонтный Завод
- (EST) Tartu Autoremonditöökoda

1949 年創設の修理工場。1955 年以降は小型バス「TA-6」やバン輸送車「TA-9」などを独自に製造した。

TARK/ТОАРЗ
- (J) タリン自動車修理試験工場
- (RUS) Таллинский Опытный Авторемонтный Завод
- (EST) Tallinna Autode Remondi Katsetehas

1935 年創設の機械工場が前身。1957 年からはレーシングカー「エストニア」シリーズの製造を担った。

UAmZ/УАмЗ
- (J) ウラル自動車エンジン工場
- (RUS) Уральский Автомоторный Завод

1967 年に ZiL の部品製造工場としてノヴォウラリスクに創設。1977 年以降は ZiL 一部車種の製造も担った。UralAZ や UZAM とは別の工場。

UAZ/УАЗ
- Ⓙ ウリヤノフスク自動車工場
- ⓇⓊⓈ Ульяновский Автомобильный Завод

1941 年に工業疎開の一環として ZiS の設備が移管されて創設（当時は UlZiS/УльЗиС）。戦後は軍用レーダー工場となったが、1954 年に GAZ から軍用の小型オフロードカー「69」の製造が移管され再び自動車工場となった。「ブハンカ」シリーズなど、小型オフロードカーの製造を担った。

UZAM/УЗАМ
- Ⓙ ウファ自動車エンジン工場
- ⓇⓊⓈ Уфимский Завод Автомобильных Моторов

航空機エンジン工場の外局として 1967 年に創設。モスクヴィッチ用のエンジンの製造を担った。

UralAZ/УралАЗ
- Ⓙ ウラル自動車工場
- ⓇⓊⓈ Уральский Автомобильный Завод

スターリン批判を機に 1962 年に UralZiS から改称。軍用大型トラック「4320」などの製造を担った。

ウラーレツ /Уралец
- Ⓙ ウラーレツ機械工場
- ⓇⓊⓈ Механический Завод «Уралец»

ニジニタギルに置かれた非鉄冶金省傘下の自動車部品工場を前身とする。1966 年にロシア文化省傘下となり、寒冷地帯向けの文化支援バス「66」の製造を担った。

UralZiS/УралЗиС
- Ⓙ スターリン記念ウラル自動車工場
- ⓇⓊⓈ Уральский Автомобильный Завод имени Сталина

1941 年に工業疎開の一環としてミアスに ZiS の設備を移管して創設。戦後も冷戦構造の中で国防省が残置を主張し、軍用大型トラック「375」などの製造を担った。1962 年に UralAZ へと改称。

ChAZ/ЧАЗ
- Ⓙ チカロフスクバス工場
- ⓇⓊⓈ Чкаловский Автобусный Завод
- ⓉⒿ Корхонаи Худравсозии Чкаловск

1953 年に中型機械製造省傘下の修理工場として創設。1960 年以降はウラン鉱山の労働者送迎バスの製造を担った。

ChZU/ЧЗУ
- Ⓙ ウクライナ映画技術産業チェルニゴフ工場
- ⓇⓊⓈ Черниговский Завод «Укркинотехпром»
- ⓊⒶ Чернігівський Завод «Укркінотехпром»

ソ連国家映画委員会（ゴスキノ）傘下の修理工場として 1947 年に創設。1961 年からはロケバスや機材運搬車の製造を担った。

YaAZ/ЯАЗ
- Ⓙ ヤロスラヴリ自動車工場
- ⓇⓊⓈ Ярославский Автомобильный Завод

1931 年に YaGAZ から改称。大型トラック「200」などの製造を担ったが、生産拡大のため 1950 年に MAZ に移管され、以来ヤロスラヴリエンジン工場（YaMZ）となった。

YaGAZ/ЯГАЗ
- Ⓙ ヤロスラヴリ国営自動車工場
- ⓇⓊⓈ Ярославский Государственный Автомобильный Завод

1916 年創設。接収後はトラック修理工場となったが、1926 年にオリジナルの大型トラック「Ya-3」の製造を開始。1931 年に YaAZ へと改称された。

1943年に導入された規則に基づいて各工場に割り振られた3桁のコードの一覧。詳細はp.23のコラムを参照。

1～99	ゴーリキー自動車工場（GAZ）
100～199	スターリン記念工場（ZiS）、リハチョフ記念工場（ZiL）
200～249	ヤロスラヴリ自動車工場（YaAZ）、クレメンチュク自動車工場（KrAZ）
250～299	ノヴォシビルスク自動車工場（NAZ）
300～399	UralZiS、ウラル自動車工場（UralAZ）
400～449	モスクワ小型自動車工場（MZMA）、レーニンコムソモール記念自動車工場（AZLK）
450～484	ウリヤノフスク自動車工場（UAZ）
485～499	ドニプロペトロフスク自動車工場（DAZ）
500～599	ミンスク自動車工場（MAZ）、ベラルーシ自動車工場（BelAZ）、モギリョフ自動車工場（MoAZ）
600～649	ムィティシ機械製造工場（MMZ）
650～674	ゴーリキーバス工場（GZA）、パヴロヴォバス工場（PAZ）
675～694	リキノバス工場（LiAZ）
695～699	リヴィウバス工場（LAZ）
700～929	各種トレーラー、エレバン自動車工場（ErAZ）
930～939	ブリャンスク自動車工場（BAZ）
940～964	タルトゥ自動車修理工場（TART）
965～974	ザポリージャ自動車製造工場（ZAZ）、ルーツィク自動車工場（LuAZ）
975～984	リーガバス工場（RAF）
985～999	クルガンバス工場（KAvZ）

年	ソ連の出来事	自動車産業所管省庁	自動車生産台数			
			トラック	乗用車	バス	計
1917	十月革命	ロシア最高国民経済会議	0	0	0	0
1918			0	0	0	0
1919			0	0	0	0
1920			0	0	0	0
1921	ネップ実施		0	0	0	0
1922	ソビエト連邦成立		0	0	0	0
1923		ソ連最高国民経済会議	0	0	0	0
1924			10	0	0	10
1925	スターリン政権成立		116	0	0	116
1926			366	0	0	366
1927			451	3	24	478
1928	第一次五か年計画		740	50	51	841
1929			1471	156	85	1712
1930			4019	160	47	4226
1931			3915	0	90	4005
1932		重工業人民委員会	23748	34	97	23879
1933	第二次五か年計画、米と国交樹立		39101	10259	35	49395
1934	大粛清開始		54572	17110	755	72437
1935			76854	18969	893	96716
1936	スターリン憲法制定		131546	36790	1263	169599
1937		機械製造人民委員会	180339	18250	1268	199857
1938	第三次五か年計画		182373	26986	1755	211114
1939	冬戦争勃発	中型機械製造人民委員会	178769	19647	3271	201687

年	出来事	省庁				
1940			135958	5511	3921	145390
1941	独ソ戦勃発		-	-	-	-
1942			-	-	-	-
1943			-	-	-	-
1944			-	-	-	-
1945	独ソ戦終結		68548	4995	1114	74657
1946	第四次五か年計画	自動車製造人民委員会、自動車産業省	94572	6289	1310	102171
1947	コミンフォルム結成	自動車トラクター産業省	121248	9622	2098	132968
1948			173908	20175	2973	197056
1949	コメコン設立		226854	45661	3477	275992
1950			294402	64554	3939	362895
1951			229777	53646	5260	288683
1952	第五次五か年計画		243465	59663	4808	307936
1953	フルシチョフ政権成立	機械製造省	270667	77380	6128	354175
1954		自動車トラクター農業機械製造省	300613	94728	8532	403873
1955	ワルシャワ条約機構設立	自動車産業省	328047	107806	9415	445268
1956	第六次五か年計画、スターリン批判		356415	97792	10425	464632
1957	工業関連省庁廃止	国民経済会議	369504	113588	12316	495408
1958			374900	122191	13983	511074
1959	第七次五か年計画		351373	124519	19102	494994
1960			362008	138822	22761	523591
1961	デノミネーション実施		381617	148914	24799	555330
1962	キューバ危機		382355	165945	29180	577480
1963			382220	173122	31670	587012
1964	ブレジネフ政権成立		385006	185159	32919	603084
1965	コスイギン改革始動	自動車産業省	379630	201175	35507	616312
1966	第八次五か年計画		407633	230251	37327	675211
1967			437350	251441	39960	728751
1968			478147	280332	42357	800836
1969			504529	293558	46099	844186
1970			524507	344248	47363	916118
1971	第九次五か年計画		564300	529000	49300	1142600
1972			596800	730100	51900	1378800
1973			629500	916700	56000	1602200
1974			666000	1119000	61000	1846000
1975			696000	1201000	67000	1964000
1976	第十次五か年計画		716000	1239000	70100	2025100
1977			734000	1280000	74600	2088600
1978			762000	1312000	77400	2151400
1979	アフガン侵攻		780000	1314000	79200	2173200
1980	モスクワ五輪開催		787000	1327000	85300	2199300
1981	第十一次五か年計画		787000	1324000	86900	2197900
1982	アンドロポフ政権成立		780000	1307000	85700	2172700
1983			795000	1315000	85100	2195100
1984	チェルネンコ政権成立		810000	1327000	88000	2225000
1985	ゴルバチョフ政権成立、ペレストロイカ		823000	1333000	90800	2246800
1986	第十二次五か年計画		782000	1340000	88700	2210700
1987			792000	1346000	87900	2225900
1988		自動車農業機械製造省	802000	1261000	94300	2157300
1989			804000	1218000	92100	2114100
1990	バルト三国独立宣言		774000	1260000	86300	2120300
1991	8月クーデター、ソ連解体					

第1章
人民の乗用車

АВТОМОБИЛИ ЛЕГКОВЫЕ ДЛЯ НАРОДА

ソ連において、個人所有できる最高級の財産は自動車だった。人民は自動車を買うために、家族総出で資金を貯め、何年もかけて納車を待ち望んだ。一般の人民が購入できた自動車は、限られた選択肢しかなかったが、それでも時代とともに進化を続けた。

КИМ-10

KIM-10

戦災に泣かされたソ連初の大衆車

《10-50》 標準モデルの2ドアセダン。僅かながらの量産にこぎつけたのはこのモデルだけだったが、その多くは前線に送られ滅失した。

車名	10-50
製造期間	1940-1941年
生産台数	381台
車両寸法	
- 全長	3,960mm
- 全幅	1,480mm
- 全高	1,650mm
- ホイールベース	2,385mm
- 車重	840kg
駆動方式	FR
エンジン	KIM-10
- 構成	水冷直列4気筒 SV
- 排気量	1,172cc
- 最高出力	30hp/4,000rpm
- 最大トルク	不明
トランスミッション	フロア 3M/T
サスペンション(F/R)	横置きリーフ/横置きリーフ
最高速度	90km/h
新車価格	7,000ルーブル

リアはブレーキランプが1灯のみ。矢羽式の方向指示器はBピラーに格納される。

・開発の経緯

　1932 年以来、ソ連の自動車産業は飛躍的な発展を遂げた。もっとも、その時点で製造されていたのはトラックや高級乗用車のみで、一般人民向けの小型車の必要性が意識されたのは、1930 年代後半になってからだった。

　1938 年に自動車産業総局内で行われた会議では、第三次五か年計画の最終年までに 10 世帯に 1 台の割合で乗用自動車を普及させるという計画が策定された。1939 年 1 月、党中央委員会と機械製造人民委員会はこの計画を承認し、「共産主義青年インターナショナル記念自動車組立工場（KIM）」での小型車の設計が命じられた。KIM は元々 GAZ の外局として GAZ-A の組立てを専門としていたが、これを機に独立した自動車工場となった。

・デザインと機構の特徴

　人民の自動車として求められる要件は、構造がシンプルかつ安価に製造できることだった。開発コストを抑えるべく、外国製の既存車種をコピーすることが暗黙の了解となっていた。欧州各国から「参考資料」として小型乗用車が輸入研究され、最終的に白羽の矢が立ったのは、英フォードのプリフェクトだった。GAZ がフォード由来の工場であったことから、ソ連の技術者にとっても馴染み深かったようだ。

　こうして 1939 年 3 月には、4 人乗り 2 ドアセダンの試作車が完成した。4 気筒の SV エンジンや 3 速トランスミッション、シンプルなラダーフレームと横置きリーフスプリングを組み合わせた車体構造は、どれもプリフェクトから丸ごとコピーしてきたものである。スペックだけ見れば、やや保守的ではあるものの、1930 年代の欧州大衆車の平均値といったところだろう。外装は簡素な独自のデザインだが、当時のソ連の技術では複雑な形状のガラスや金属の加工が困難だったためである。この試作車は、「KIM-10」として 1940 年 5 月のメーデーのパレードで一般公開され、マイカー時代の到来に人民は胸を躍らせた。

・スターリンの不興と戦争勃発

　その後、めでたく中型機械製造人民委員会から製造の承認が得られ、「10-50」という名前が与えられて量産開始に向けた工場設備の建設が始まった。ところが、同委員会は重大なプロセスを失念していた。最高指導者スターリンの承認である。

　大急ぎでクレムリンに試作車が届けられたが、既にスターリンはへそを曲げていた。まず、独立型ヘッドライトが「古臭い」と一蹴された。また、シートに座るなり「同志よ、座ってみたまえ（意訳：後部座席が狭い）」と注文をつけ、4 ドアセダンへの変更も迫った。結局、人民委員会が勝手に仕様を変更したために「欠陥」が発生したということにされ、委員だったリハチョフが降格処分を受ける羽目になった。

　修正作業は急ピッチで進められ、オペル・カデットのボディにライトを埋め込んだデザインが丸々コピーされることになった。もちろん無許可である。ソ連の劣悪な道路事情に配慮し、車高も上げられた。

　4 ドア化には困難が伴った。単に 10-50 のドアを増やすのでは剛性が不足することが判明し、プリフェクトではなくカデットをコピーした「10-52」が再設計された。もっとも、2 ドア用のパーツの大半がアメリカのメーカーに発注済みだったことから、10-52 の製造準備が整うまでは、10-50 をパーツの在庫分だけ製造することになった。報告を受けたスターリンは激怒し、KIM の工場長クズネツォフは「人民の誤解を招来した」との罪状で投獄された。

　紆余曲折がありながらも、1940 年 12 月に晴れて 10-50 の量産が始まった。1941 年 9 月には 10-52 の製造も始まる予定だったが、不幸にも同年 6 月に独ソ戦が勃発した。KIM は軍需工場に転換され、乗用車の製造は中止となった。ドイツ軍の攻撃で工場設備は完全に破壊され、ソ連初の大衆車は僅か 381 台の製造で幕を閉じることとなった。

«10-51» 10-50と並行して設計された2ドアフェートン。表向きは「南部地方向け」ということだったが、ボディに使う鉄材を少しでも減らしてコストダウンを図ったものである。結局12台が試験製造されたのみで、大量生産には至らなかった。

«10-52» 4ドア仕様。ボディの意匠はオペルのコピーで、10-50とは異なっている。

モスクヴィッチとそっくりだが、ドアハンドル裏の窪みやトランク開口部の有無で識別できる。

10-50の内装はプリフェクトと瓜二つ。時計も装備されており、当時の小型車としては豪勢だった。

1940年の試作車。プリフェクト譲りのサイドステップも装備していた。

★コラム　ソ連車の命名規則

・1943年以前　無規則の時代

　ソ連で自動車産業が芽を吹いて以降、1943年まで統一的な命名規則は存在しなかった。工場ごとに独自の命名が行われ、開発の順番に応じて1、2、3...と数字を変えていくのが通例だった。AMO-3、GAZ-3など名前が重複することも多かった。

・1943〜1966年　3桁の時代

　名前の重複を避けるため、ソ連政府は1943年の中型機械製造人民委員令第554号によって、フォード式の統一車両分類規則を導入した（GAZは1938年から先行採用）。1〜999のコードを各自動車工場に割り振ってエンジン型式とし、その後ろに車両型式を付けるというものだった。（工場コードの一覧はp.17の表を参照）例えば、初代モスクヴィッチの「400-420」なら、400がMZMA製エンジンであることを、420がベースモデルのセダンを表すことになる。もっとも、1950年代にはエンジン型式だったはずの番号が車両型式を表すようになり、単に工場に割り振られた3桁の番号で表記するのが通例となった。軽微なアップデートの場合には、数字の後ろにアルファベットを付けて対応することもあった。単にA、B、V...と順に振ることもあれば、修正を表すM（Модификация）、輸出用を表すE（Экспорт）など固有の意味を有する文字があてがわれる例もあった。

・1966年以降　4桁の時代

　ソ連経済の発展にともなって、自動車工場は政府の予測を超えて増加した。政府は既存のコードを細分化して振り直すなどして対応していたが、それにも限界があった。1966年には、自動車産業省が新しい車両分類規則「ON 025270-66」を導入した。これは4桁の数字で車両を分類するもので、3桁目が車両の性質を示し、これに応じて4桁目の意味が確定する。1、2桁目はモデル名で、工場ごとに一定範囲の数字が事前に割り当てられ、開発順に応じて付けられた。改良や修正は、後ろに数字を追加して表した。例えば「21053」は、「2」が排気量1.2〜1.8L、「1」が乗用車、「05」がVAZ製の5番目のモデル、「3」が3番目の派生車種であることをそれぞれ表す。ただし、この規則の制定以前から製造されている車両は、継続して工場別のコードを使い続けることもあった。また、自動車産業省の管轄下にない工場は、独自の命名規則を有していた。

				4桁目						
				1	2	3	4	5	6	7
3桁目	1	乗用車	排気量	1.2L未満	1.2〜1.8L	1.8〜3.5L	3.5L以上	-	-	-
	2	バス	全長	-	5.0m未満	6.0〜7.5m	8.0〜9.5m	10.5〜12.0m	16.5m以上	-
	3	トラック	総重量	1.2t未満	1.2〜2.0t	2.0〜8.0t	8.0〜14.0t	14.0〜20.0t	20.0〜40.0t	40.0t以上
	4	トレーラー								
	5	ダンプカー								
	6	タンクローリー								
	7	フルゴネット								
	8	（予備）								
	9	特殊車両								

MZMA-400/401

Москвич

モスクヴィッチ　初代

ドイツから強奪したソビエト大衆車の元祖

《401-420型》 標準モデルの4ドアセダン。1946-54式の前期型「400-420型」、1954-56年式の後期型「401-420型」に大別される。前期型はボディの耐腐食性が脆弱であったため、現存個体のほとんどは後期型。

車名	400型	401型
製造期間	1946-1954年	1954-1956年
生産台数	216,006台	
車両寸法		
- 全長	3,855mm	
- 全幅	1,375mm	
- 全高	1,545mm	
- ホイールベース	2,340mm	
- 車重	845kg	
駆動方式	FR	
エンジン	MZMA-400	MZMA-401
- 構成	水冷直列4気筒SV	水冷直列4気筒SV
- 排気量	1,074cc	1,074cc
- 最高出力	23hp/3,600rpm	26hp/4,000rpm
- 最大トルク	5.6kgm/2,000rpm	5.9kgm/2,200rpm
トランスミッション	フロア3M/T	コラム3M/T
サスペンション(F/R)	デュボネ/リジッド縦置きリーフ	
最高速度	90km/h	110km/h
新車価格	8,000ルーブル	9,000ルーブル

トランクは外部から開かず、後部座席を倒してアクセスする。テールランプは1灯しか装備されていなかった。

・開発の経緯

1945年5月、ソ連は独ソ戦で輝かしい勝利を収めた。しかし、ドイツ軍の侵攻でソ連の領土は荒れ果て、モスクワのKIMの工場も壊滅状態となっていた。復興計画には小型乗用車の製造再開も盛り込まれたが、パクリ設計だったKIM-10の生産設備を一から再築するのも考え物である。そこでソ連政府は、敗戦国ドイツから賠償と称して生産設備をごっそり頂いてくるという妙案を思いついた。

車種の選定にあたっては、ソ連軍が鹵獲した車両などを基に検討がなされたが、結局スターリンの鶴の一声でKIM-10-52のパクリ元でもあるオペル・カデットに決まった。エンジンの出力不足やギアボックスの信頼性について異論も出たが、最高指導者の直々の決定に逆らえる者などいなかった。1946年3月、リュッセルスハイムのオペルの工場からカデットの生産設備や設計図等の一式が持ち出され、モスクワに運び込まれた。KIMの工場跡地に「モスクワ小型自動車工場（MZMA）」を建設することも決まった。

・デザインと機構の特徴

1946年12月には、新製品の第1号車がラインオフされた。標準モデルとなる4ドアセダンには、「400-420型」という型式が与えられた。400はエンジンの型を、420はボディの種類をそれぞれ表している。商品名は、ロシア語でモスクワっ子を意味する「モスクヴィッチ」とされた。

見た目こそ戦前のKIM-10と瓜二つだが、モスクヴィッチはカデット譲りのモノコックシャシーなので、車体構造から全くの別物である。サスペンションは、1930年代のGM系列の特徴である前輪デュボネ式独立懸架、後輪リジッドアクスルという仕様となっている。1940年代以降は急速に廃れた組み合わせであり、ソ連の量産車ではこれが唯一の採用例である。SV式の直列4気筒エンジンは、優れた動力性能を発揮するものではなかったが、66オクタンの低品質ガソリンでも動作し、路面状況が悪く速度を出せないソ連においては必要十分であった。

製造開始初期はまさにカデットの仕様そのままであったが、徐々にソ連流の改良が盛り込まれていった。凹凸の多いソ連の道路では、段差を越えるたびに物が飛んでいったことから、1949年にはダッシュボードの小物入れに蓋が装備された。1951年には、小さな車なりに室内空間に配慮し、シフトノブがフロア式からハンドル横のコラム式に変更された。さらに、塗装の下地に防錆効果の高いコールタールが使われるようになり、気候の厳しいソ連においても車両寿命が長くなった。

1954年1月には大規模なアップデートがなされ、型式が「401-420型」になった。外観上は変わらないが、シリンダーヘッドや吸排気系に変更が加えられ、圧縮比を高めたことで出力性能が向上した。また、2速と3速にシンクロが装備され、運転が楽になった。

・人民の自動車と計画経済

ソ連人民にとって、事実上初の国産大衆車となったモスクヴィッチは、新車価格8,000ルーブルで販売されていた。当時のソ連人民の平均月給は600ルーブルであったから、かなり大きな買い物であっただろう。それにもかかわらず、戦災からの復興が進んだ1950年代後半になると、経済的余裕のある人民が増加し、自家用車の需要が飛躍的に高まった。そして、競合車種が存在しない社会主義計画経済下では、その需要をモスクヴィッチが一手に担うことになった。政府はこの需要増加を完全に見誤っており、MZMAの生産能力を大きく上回る注文が寄せられるようになった。その結果、モスクヴィッチの購入には数年待ちの大行列ができることとなった。

この時に生じた需給バランスの歪みは年々拡大し、市場開放に至るまでソ連の自動車業界全体を悩ませる慢性的な生産遅滞をもたらした。

《400-420A型》 屋根の天板を省いたカブリオ・リムジーネ。鉄材の需要過多への対処として1949年に追加され、生産台数の半数をこれにする予定だった。自然環境の厳しいソ連では不評で17,742台しか売れず、鉄材供給の安定に伴って1952年にカタログから消えた。

1949-52年式の運転席。床から生えるシフトノブとサイドブレーキが足元を圧迫していた。

《ピックアップ》 国防省の要請で開発されたが、耐久性不足とパワー不足でお蔵入りに。

《400-420K型》 車体後部をシャシーのみとした仕様。各地の町工場でトラックなどに架装された。

《APA-7》 航空機の電源供給用バッテリー輸送車。量産はされたが、出力不足で評判は悪かった。

《400-422型》 1946年に導入されたフルゴネットバン。鉄材使用量を抑えるため、ボディは木造となっている。木造ボディは金属に比べて加工コストが高く、本来は高級品なのだが、ソ連では労働力の方が鉄材より安上がりだった。

《400-421型》 400-422型ベースのステーションワゴン。量産はされなかった。

《400-424型》 1949年に試作されたフェイスリフト版。フルモデルチェンジによってお蔵入りに。

《クーペ》 1949年に試作された2ドアクーペ。2台が製作され、ソ連選手権にも参戦した。

《404スポルト》 1954年に作られたレーシングカー。OHV化したエンジンで58hpを叩き出した。

人民の乗用車

MZMA-402/407/403

Москвич

モスクヴィッチ　2代目

西側でも愛されたソ連設計の大衆セダン

《402型》 1956-58年式の前期型の標準モデルとなる4ドアセダン。後のモデルに比べると金属製の装飾パーツが少ない。高級車であるM21型ヴォルガとも共通するシルエットで、人民の自動車所有欲をかき立てた。

車名	402型	407/403型
製造期間	1956-1958年	1958-1965年
生産台数	87,658台	493,503台
車両寸法		
- 全長	4,055mm	
- 全幅	1,540mm	
- 全高	1,560mm	
- ホイールベース	2,370mm	
- 車重	980kg	
駆動方式	FR	
エンジン	MZMA-402	MZMA-407
- 構成	水冷直列4気筒 SV	水冷直列4気筒 OHV
- 排気量	1,220cc	1,358cc
- 最高出力	35hp/4,200rpm	45hp/4,500rpm
- 最大トルク	7.0kgm/2,400rpm	9.0kgm/2,600rpm
トランスミッション	コラム3M/T	コラム4M/T
サスペンション (F/R)	ダブルウィッシュボーンコイル/リジッド縦置きリーフ	
最高速度	105km/h	115km/h
新車価格	15,000ルーブル	25,000ルーブル

《407型》 テールランプがデザインに組み込まれ、ウインカーも装備された。広いトランクも好評だった。

・開発の経緯

　初代モスクヴィッチ400/401型は、ソ連人民の乗用車としては事実上唯一の選択肢であり、絶大な人気車種であった。もっとも、これは戦前のドイツ製の金型を流用して作られたものであり、設計とデザインは生産開始から既に時代遅れだった。1948年に自動車の海外輸出が始まったことで、競争力維持のためのモデルチェンジの必要性が政府内でも強く意識されるようになった。

　モスクヴィッチのフルモデルチェンジ計画は、1950年に始まった。輸出市場の流行を研究すべく、フィアットの1100や独フォードのタウヌスなど、1.2Lクラスの小型大衆車が輸入された。MZMAにとって、一から自動車を開発するのは初の試みであったことから、NAMIやGAZからも多くの技術者が派遣された。

・デザインと機構の特徴

　1956年4月、レーニンの誕生日に合わせて2代目モスクヴィッチとなる「402型」の量産が始まった。前後のフェンダーを一直線に繋いだポンツーンと呼ばれるボディスタイルが採用され、先代と比べると洗練された現代的な外観となった。車内空間も全幅いっぱいまで広がり、乗車定員も5人に増えた。こうして西側の流行を反映させる一方で、ボンネットに設置された赤旗のオーナメントはソ連車としての誇りを感じさせる。また、このクラスの車では珍しく、ラジオやヒーターが標準装備とされた。前席を倒してフルフラットにすることも可能で、車を使った旅行という新たなブームをソ連人民にもたらした。

　機構面では、複筒式ショックアブソーバーがGAZにも先駆けて採用された。路面状況が悪く飛び石の多いソ連では、耐久性に優れる複筒式の利点が大いに発揮された。また、前後ブレーキのシューが浮動式となり、整備性と安全性も向上した。他方、搭載されていた402エンジンは、先代のものを改良した古風なSV式だった。設計の古さとパワー不足が祟り、西側の輸出市場では敬遠される要因となってしまった。

　1958年5月には、エンジンをOHV化してパワーアップを図った中期型「407型」が投入された。翌年にはトランスミッションが4速となり、走行性能は各段に向上した。このモデルは輸出市場でも受けが良く、安価で手に入る乗用車として一定の支持を得た。

　輸出市場での好調な販売を受けて、MZMAは、1963年にフルモデルチェンジする計画を立てていた。ところが、ボディの金型の発注が遅れたせいで量産計画が狂い、3代目の製造は先送りとなった。その代わりとして、1962年12月に407型の一部装備を新しくした後期型「403型」が誕生し、3代目の生産設備が整うまでの場を繋ぐことになった。

・輸出偏重と国内需要軽視

　革新的な新型車の登場に、ソ連人民も湧きたった。価格は1956年時点で15,000ルーブル、1961年には25,000ルーブル、デノミ後の1963年には3,400ルーブルと大幅に値上げされたが、それでも人民はマイカーを夢見て家族総出で貯金に勤しんだ。

　他方で、2代目モスクヴィッチは輸出市場でも人気車種であった。1958年のブリュッセル万博で金賞を獲得したことで注目を集め、国際ラリーの成績なども評価されて、東欧共産圏以外でも好調な販売実績を築いた。ベルギーの現地法人「スカルディア」では、英パーキンス製ディーゼルエンジンを搭載したモデルも販売された。ソ連政府は外貨獲得源である輸出市場へ優先して納車するよう指示を出し、生産台数の約1/3が輸出に回された。ただでさえ需要過多のソ連国内の注文予約リストは膨らみ続け、納車待ちは更に長くなった。

　1959年の米ソ首脳会談では、モスクヴィッチのアメリカ市場進出が俎上に上り、品質を上げた特別仕様が試作された。しかし、翌年のU-2撃墜事件で米ソ関係には再び暗雲が立ち込め、輸出計画も白紙となった。

«407型» 1958-63年式の中期型の4ドアセダン。悲願のOHVエンジンを搭載し、パワー不足の懸念も解消された。1959年にサイドモールが追加され、オプションでツートン塗装も選べるようになった。四駆仕様「410型」についてはオフロードカーの章で詳述する。

1960年のマイナーチェンジでグリルが網状になった。1963年からは赤旗のオーナメントがなくなった。

407型の運転席。ラジオが装備されているのはこの車格では画期的だった。

«407T型» タクシー仕様車。車体側面のチェック模様と料金メーターが相違点。

«407 ギア» イタリアのカロッツェリア・ギアがカスタムした試作車。後述403E型の原形となった。

《403型》 1962-65年式の後期型の4ドアセダン。新型ラジエーターの装備やオイルフィルターの位置などが407型との相違点だが、外見的な変更はハンドルの形状程度にとどまる。それにもかかわらず価格が跳ね上がったことで、購入辞退者も続出した。

《403E型》 外貨獲得源である輸出市場だけでも競争力を維持すべく、おめかしされたモデル。

《423N型》 407型の5ドアエステート版。402型には423型、403型には424型が対応する。

《432型》 403型のフルゴネット版。後部のドアや窓が埋められている。郵便配達等に使用された。

《407クーペ》 1962年にラリー参戦用に2台が製造された。現存しておらず、写真はレプリカ。

人民の乗用車

MЗМА-408/412

MZMA-408/412

Москвич

モスクヴィッチ　3代目前期型

好調な輸出に支えられたコンパクトセダン

《408型》 1964〜69年式の旧型エンジン搭載の4ドアセダン。国内向けの標準仕様はヘッドライトが2灯で、新型エンジン搭載の412型でも同様の仕様があった。408/412の外見上の識別は困難だが、コラムシフトであれば408型と考えてよい。

車名	408型	412型
製造期間	1964-1976年	1967-1976年
生産台数	703,119台	329,234台
車両寸法		
- 全長	4,090mm	
- 全幅	1,550mm	
- 全高	1,440mm	
- ホイールベース	2,400mm	
- 車重	900kg	
駆動方式	FR	
エンジン	MZMA-408	UZAM-412
- 構成	水冷直列4気筒OHV	水冷直列4気筒SOHC
- 排気量	1,358cc	1,478cc
- 最高出力	50hp/4,750rpm	75hp/5,800rpm
- 最大トルク	9.3kgm/3,200rpm	11.6kgm/3,800rpm
トランスミッション	コラム4M/T ／フロア4MT	
サスペンション (F/R)	ダブルウィッシュボーンコイル／リジッド縦置きリーフ	
最高速度	120km/h	140km/h
新車価格	4,500ルーブル	5,000ルーブル

テールフィンは時代遅れのきらいもあったが、車両感覚を掴みやすい点では好評だった。

- **開発の経緯**

 2代目モスクヴィッチは、ソ連の友好国である東側諸国だけでなく、西側諸国の市場でも安価さを武器に一定の評価を得た。これはソ連の貴重な外貨獲得源でもあったことから、市場競争力を維持すべく、比較的潤沢に与えられた開発資金を背景に、1959年には早速フルモデルチェンジ計画が始動した。

 この計画は、1963年に新型車の生産を開始することを目指して「シリーズ63」と呼ばれた。設計は順調に進み、1962年には最終決定版が完成したが、フルシチョフの経済改革下での混乱で生産設備の発注が遅れ、結局量産が始まったのは1964年8月のことだった。

- **デザインと機構の特徴**

 モデルチェンジの肝は、西側メーカーの最新モデルの流行を取り入れることだった。ヨーロッパ風の直線的なボディスタイルを採用した一方で、アメリカ風のテールフィンも装備し、小型車ながらも存在感のあるデザインを実現した。タイヤは先代より2インチ小さくなり、車高を下げたことで、走行安定性の向上とともに車体を大きく見せる視覚効果も狙っている。

 内装を見ると、ピラーを細くしたことで窓の面積が拡大し、室内が明るくなった。内張りやシートに赤や白などの明るい色を用いることで、開放感を与えるようにも設計されている。ソ連車らしからぬ人間工学的な配慮だが、それだけ西側での販売に意識を向けていたことの表れだろう。

 1964～69年に製造された初期モデルでは、2灯と4灯の2種類のヘッドライトが用意された。これは年式や型式による違いではなく、2灯が標準仕様、4灯が高級仕様という関係にある。前者はソ連国内向け、後者は輸出向けに装備されることが多かったが、厳密な市場の区分はなかった。生産効率を重視するソ連車としては異例のラインナップといえよう。1969年12月にはフェイスリフトが実施され、東ドイツのルーラ車両電装品コンビナート（FER）製の四角い2灯ヘッドライトに統一された。

- **408型と412型**

 3代目モスクヴィッチには、「408型」と「412型」という2つの型式が存在した。これは、搭載されるエンジンの違いによる区別であり、前期型・後期型を意味するものではない。

 1964年8月のモデル初期から搭載されている408エンジンは、先代の403エンジンを改良したもの、すなわち初代モスクヴィッチに搭載されていたオペル由来のSVエンジンをOHV化した仕様である。設計の古さは誰の目にも明らかであったが、新型エンジンの量産が生産開始に間に合わなかった。

 1967年10月には、新開発の412エンジンが導入された。これはソ連車初のSOHCエンジンで、20°傾斜したシリンダーの配置と、吸排気の流れをスムーズに行うクロスフロー機構を特徴としている。同年代にBMWがM10というよく似たエンジンを製造しており、これのパクリであるとの説もある。

 当初の予定では全て412型に切り替えることになっていたが、エンジンの製造元であるウファ自動車エンジン工場（UZAM）の生産能力が追い付かず、当面は408型と412型が並行して製造されることになった。性能面では412型に軍配が上がったことから、国内向けの408型、輸出向けの412型という棲み分けが事実上定着していた。

 両者に外見的な差異はほぼないが、412型のみに採用された装備がいくつかある。西側の安全基準への適合を目的としたものが多く、前輪ディスクブレーキ、ダッシュボードの衝撃吸収材、シートベルト、二重安全ブレーキなどが順次導入された。

 両車種とも西側市場での人気から生産量の約2/3が輸出に回され、国内の需要は後回しにされて予約リストは常にパンク状態だった。1971年にはルノーの技術協力を得て新工場が完成し、生産能力は約2倍となったが、それでも国内の需要を満たすには程遠かった。

人民の乗用車

《408型》 高級仕様の4灯バージョン。主に輸出仕様に設定され、412型でも同様の仕様があった。国内でもベリョースカ（外国人向け国営スーパー）などで入手可能だったほか、互換パーツも出回っていた。1968年に工場名がAZLKに変更され、以降エンブレムの表記が修正された。

1964～69年式の408型の運転席。計器類や警告灯類が一体化したメーターパネルは画期的だった。

408型の右ハンドル仕様車。英国でも一定の購買層の獲得に成功し、BL社と張り合った。

《426型》 408型のエステート版。国内では一般販売されておらず、条件を満たす者のみが購入できた。

《408ツーリスト》 408型ベースの2ドアオープンカー。お洒落だが残念ながら量産には至らなかった。

《412IE型》 1969年にフェイスリフトが実施され、ヘッドライトが四角くなった。このライトは東ドイツ製で、RAF-2203型ラトビアやヴァルトブルク353等と共通パーツである。「IE」というのは西側諸国の保安基準に適合することを示す符号で、国内向けも同じ仕様となった。

リアのデザインも変更された。三角形のウインカーは取って付けた感が否めない。

《427型》 412型のエステート版。1972年以降は国内仕様も輸出仕様と同じ427IE型となった。

《434型》 412型のフルゴネット版。408型には433型が対応する。郵便配達などに使われた。

《VNIITE-PT》 1964年に製作された都市型タクシーの試作車。408型のエンジンを搭載する。

人民の乗用車

АЗЛК-2138/2140

AZLK-2138/2140

Москвич

モスクヴィッチ　3代目後期型
停滞の時代を象徴する落ち目のセダン

《2140型》　412エンジン搭載の4ドアセダン。1976-82年式はグリル周りのモールが金属製で、エンブレムは408/412型と変わらない。通常仕様のほかに、76オクタンガソリンで走る農村仕様「21406型」、タクシー仕様「2140-121型」も存在した。

車名	2138型	2140型
製造期間	1976-1982年	1976-1988年
生産台数	55,741台	818,096台
車両寸法		
- 全長	4,250mm	
- 全幅	1,550mm	
- 全高	1,480mm	
- ホイールベース	2,400mm	
- 車重	1,035kg	
駆動方式	FR	
エンジン	MZMA-408	UZAM-412
- 構成	水冷直列4気筒 OHV	水冷直列4気筒 SOHC
- 排気量	1,358cc	1,478cc
- 最高出力	50hp/4,750rpm	75hp/5,800rpm
- 最大トルク	9.3kgm/3,200rpm	11.6kgm/3,800rpm
トランスミッション	フロア 4M/T	
サスペンション (F/R)	ダブルウィッシュボーンコイル/リジッド縦置きリーフ	
最高速度	120km/h	142km/h
新車価格	6,000ルーブル	6,800ルーブル

リアのバッジは排気量を表しており、2140型は「1500」、2138型は「1360」となっている。

- **開発の背景**

　3代目モスクヴィッチ408/412型は、国内外で一定の人気を得て成功した車種ではあった。しかしながら、市場競争が激しい西側市場においては、常に最新のトレンドを掴んだ商品戦略が求められる。1960年代後半の西側諸国では、経済発展によって中間所得層が拡大したことで、より大型の自動車が好まれるようになった。モスクヴィッチもCセグメントからDセグメントへと大型化が検討されたが、当時のソ連政府はイタリア政府との共同事業であるVAZの建設に大半の予算を割いており、資金不足から新型車のリリース計画は暗礁に乗り上げてしまった。

　しかし、輸出市場のトレンドはその間にも刻々と変化する。そこでAZLKは、408/412型に大幅な改良を加えたビッグマイナーチェンジを施し、市場競争力の維持を図ることにした。

- **デザインと構造の特徴**

　こうして、1976年1月にマイナーチェンジ版3代目モスクヴィッチ「2138型」と「2140型」の製造が始まった。エンジンは変わらず、前者が408エンジンを、後者が412エンジンを搭載する。機構部については大きな変更はない。

　変わったのは主にデザイン面で、必死に西側の流行に追いつこうと足掻いた形跡が見て取れる。ボディ全体が曲線を減らしたシンプルなデザインになった。煌びやかなメッキパーツも削減され、フロントグリルは黒く塗装されるようになった。テールフィンも既に時代遅れになっていたため、トランクの開口部をフィンまで拡大することで実用性も兼ね備えた仕様となった。

　内装を見ると、ダッシュボードに樹脂パーツを多用し、小径ハンドルを採用したことで印象が大きく変わった。ヘッドレストが装備されたほか、計器類も丸型になり、スポーティーな雰囲気も漂う。

　西側への輸出を主眼に入れていたことから、安全装備のアップデートにも余念がない。二重安全ブレーキが全車種標準装備となり、ブレーキブースターも油圧式から英ガーリング由来の真空式に変更されて制動力が向上した。また、ヘッドライト点灯時にブレーキランプの光量が下がり眩惑を防止するシステムも導入された。

　輸出市場の訴求力をより高めるため、1980年11月には高級仕様「2140-117型」が追加された。大型のバンパーや側部のモールが装備され、フィンランドから輸入した塗料でメタリック塗装も選択できた。内装も高級感のある柔らかな肌触りのトリムやベロア張りシートが装備された。通常仕様とは異なり、ウェーバーのキャブレターやボッシュのディストリビューターなど、外国企業のライセンス生産品もふんだんに盛り込まれた。

- **競争力の低下**

　かくして輸出市場を意地でも諦めない姿勢を示したモスクヴィッチであったが、生産数は低下の一途を辿っていった。もちろんそれなりの台数は出ていたものの、年間生産数は最多の年でも408/412型の9割程度だった。この要因は大きく2つ挙げられる。

　第一の要因は、西側の製品に比べて技術格差が顕著に開いたことである。モスクヴィッチは「値段より優れている」という売り文句で、安価を武器にした販売を展開していた。だが、西側メーカーが莫大な投資によって技術開発を高度化させる中、限られた開発予算しか与えられないモスクヴィッチは急速に時代遅れになっていった。購買層は大衆車にFRセダンを求める保守的な層しか残らず、すっかり隙間産業と成り果ててしまった。

　第二の要因は、VAZ-2101型ジグリという強力なライバルの登場である。車格が同一のモスクヴィッチとジグリは競合状態であったところ、工場設備も車体設計もフィアット由来で信頼性の高いジグリに軍配が上がるのは自明であった。モスクヴィッチはソ連人民にすら敬遠されるようになり、1980年代後半には都市によっては即納で購入できるほどに人気が低下していた。

1982-88年式の2140型。エンブレムやヘッドレストなどが簡素なデザインになった。

運転席。樹脂パーツが多用され、現代的なデザインとなった。

«2140-117型» 輸出市場向けの豪華仕様で「SL（Супер Люкс）」というサブネームが付いていた。大型バンパー、サイドモール、大型テールランプユニットが特徴。起死回生の一手となるはずだったが、海外ではほとんど売れず国内市場にも相当数が出回った。

«2138型» 408エンジン搭載車。UZAMの供給体制が整った1982年にカタログ落ちした。

«2137型» 2140型のエステート版。1976-85年の間に85,670台が製造された。

AZLK のコンセプトカー

1985 年に始まったペレストロイカは、自動車産業にも影響を及ぼした。自動車産業省の命令に従った作業しかしない「停滞の時代」の役人が解任され、次世代を見据えた前衛的なコンセプトカーが各工場の設計部門でデザインされた。

《2144型》 1985 年、AZLK 設計局は、来たる 21 世紀に向けた次世代型自動車の設計を始めた。当時の西側メーカーの流行に倣い、環境性能も追求された。コンセプトカー 2144 型は、これまでのソ連車とは一線を画すバイオデザインをまとって登場した。モスクワ西部の川に由来する「イストラ」というサブネームも付けられた。色と目つきはグソクムシを彷彿とさせるが、アルミ製ボディ、ガルウィングドア、多燃料対応エンジン、さらにはカーナビまで備えたまさに未来の車だった。高速燃費は 37.2km/L に達した。

《2143型》 1988 年、2141 型モスクヴィッチの後継車種の開発が正式に承認された。2144 型は前衛的すぎたため、現実的なデザインに落とし込んだ試作車 2143 型が作製された。モスクワの川にちなんだ「ヤウザ」というサブネームも付けられた。流線形のボディ形状は維持されたが、当時の技術では湾曲ガラスをスライドすることができず、下部のみ開閉可能というユニークな構造となった。AZLK はこれを製品化するつもりで秘匿していたが、経営悪化でお蔵入りが確定し、博物館にひっそりと展示されるようになった。

《2139型》 1980 年代初頭、乗用車をベースに広い室内と座席を備えたミニバンが西側で流行の兆しを見せた。AZLK も追随すべく、2141 型モスクヴィッチをベースとしたミニバンの開発が始まった。設計局は自由なデザインの模索を続け、1988 年には「アルバート」というサブネームの付いた 2139 型が発表された。バイオデザインのグラスファイバーボディを備えた先進的な設計で、数々の賞を受賞した。イタリアのデザイン会社と協力してブラッシュアップが行われ、量産計画も立てられたが、ソ連崩壊で全てご破算となった。

《3733型》 2139 型の肯定的な反応を見て、AZLK は 2141 型モスクヴィッチをベースとする派生車種の更なる開発を検討した。友好国との親善の一環として、チェコスロバキアのブラチスラバ自動車工場 (BAZ) との共同開発が行われ、1989 年に「トンニク」と呼ばれる積載 1t バンの試作車が完成した。AZLK 側では 3733 型、BAZ 側では MNA1000 というコードが与えられた。ソ連の崩壊とともに西側メーカーの中古バンが大量に流入し、加えて GAZ でもガゼルの製造が始まったため、量産計画は中止となった。

人民の乗用車

AZLK-2141

АЗЛК-2141　　Москвич

モスクヴィッチ　4代目

新設計で生まれ変わった末代モデル

《2141型》 VAZ製エンジン搭載の5ドアハッチバック。海外市場では、工場名の頭文字を取ってAlekoという名前で販売された（Автозавод Ленинского Комсомола）。コストカットのために下地が省略されるなど品質の低さは折り紙付きで、「AZLKとは Автомобиль Заранее Лишенный Качества（生まれつきの欠陥車）の略だ」などと揶揄された。

車名	2141型	
製造期間	1988-2000年	
生産台数	786,831台	
車両寸法		
- 全長	4,350mm	
- 全幅	1,690mm	
- 全高	1,400mm	
- ホイールベース	2,580mm	
- 車重	1,070kg	
駆動方式	FF	
エンジン	UZAM-331	F3R-272（ルノー）
- 構成	水冷直列4気筒SOHC	水冷直列4気筒SOHC
- 排気量	1,479cc	1,998cc
- 最高出力	72hp/5,500rpm	113hp/5,200rpm
- 最大トルク	10.8kgm/3,200rpm	17.1kgm/3,500rpm
トランスミッション	フロア5M/T	
サスペンション (F/R)	ストラットコイル/トーションクランクコイル	
最高速度	150km/h	173km/h
新車価格	9,600ルーブル	

シムカ譲りの空力性能は優秀で、泥を踏んでもリアウインドウはほとんど汚れなかった。

・開発の経緯

　VAZ-2101型ジグリの登場によってモスクヴィッチの人気を国内外で失いつつあったAZLKにとって、抜本的な新型車の開発は急務であった。1960年代後半には既にこの事態が予見されており、ジグリと競合するCセグメントは諦め、Dセグメントへの大型化が決定された。1975年には「Sシリーズ」と呼ばれる計画が始動した。西側で流行していたファストバックを取り入れ、懸架方式やギアボックスの配置などもソ連車では例のない斬新さであった。

　そんな折、仏シムカの5ドアハッチバック「1308」が1976年の欧州カーオブザイヤーを受賞した。ソ連政府高官は、これこそが次期モスクヴィッチのあるべき姿であると確信し、シムカをコピーするよう自動車産業省に命じた。自動車デザイナーのプライドを踏みにじるような命令にAZLKの設計局からは反発も出たが、一介の労働者が政府の命令に逆らえるはずもなく、粛々とシムカ風の新型車設計が進められた。

・デザインと機構の特徴

　こうして、1988年7月には4代目モスクヴィッチとなる「2141型」の量産が始まった。ボディはシムカ風の5ドアハッチバックで、特にサイドのデザインやリアクオーターウインドウの形などは瓜二つだ。フロント周りのデザインは、ルノーの「18」からパクっている。ホイールベースや車幅が拡大され、居住性は大きく向上した。駆動方式がFFとなったのも、先代との大きな違いだ。

　もっとも、2141型の機構はシムカと大きく異なる。シムカのサスペンションは、前ダブルウィッシュボーン・後トレーリングアームという組み合わせだったが、モスクヴィッチはコストを重視して、前マクファーソンストラット・後トーションクランクとなっている。これはアウディの「100」からコピーした機構である。シムカの完全なコピーとしなかったのは、AZLKの技術者のささやかな抵抗でもあろう。

　また、将来的な四輪駆動化を見越して、FFにもかかわらずエンジンは縦置きとされた。デフの配置方式についても、クワトロの経験のあるアウディから拝借している。エンジンは、1.6Lの「VAZ-2106-70」と、1.5Lの「UZAM-331.10」の2種類が並行して搭載された。いずれもジグリや先代モスクヴィッチのものの改良型である。

・モスクヴィッチの終焉

　かくしてソ連車としては革新的な装備を持って登場した2141型は、1990年頃には年間生産数が10万台を越えるほどの人気車種となった。ところが、1993年以降はみるみるうちに生産台数が減少していった。ソ連崩壊に伴う市場開放によって流入してきた西側の中古車には太刀打ちできなかったのだ。

　販売不振の原因が信頼性の低さとデザインの古臭さにあると判断したAZLKは、フェイスリフトの実施と、ルノー製のF3Rエンジンの導入を決定した。このマイナーチェンジ版は「スヴャトゴール」というサブネームが与えられ、1997年12月に製造が開始された。パワーと信頼性を兼ね備えたF3R搭載モデルは大人気で、価格は上がったにもかかわらず飛ぶように売れていった。

　ところが、このモデルの好調な販売がAZLKを窮地に陥れることになった。1990年代後半のロシアは、市場経済への移行に伴う混乱の渦中にあり、アジア通貨危機の余波も受けてルーブルが大暴落していた。フランスから輸入していたF3Rエンジンは値上がりする一方で、売れば売るほど赤字になるという状況となった。1998年のロシア金融危機はとどめの一撃となり、AZLKは遂に債務不履行を起こしてしまった。ルノーは即座に取引を停止し、F3Rエンジンは入手不可能になった。AZLKは国産エンジンを主力として販売を継続しようとしたが、もはや見向きもされず販売は激減し、2002年3月に1万台近い在庫を抱えたまま倒産してしまった。

《214145型》 1997年に導入されたルノー製エンジン搭載モデル。同時にフェイスリフトも実施され、スラヴ神話に出てくる巨人の名前である「スヴャトゴール」というサブネームが与えられた。

《2335型》 ピックアップ。市場開放に伴う個人事業需要を狙った。

《2336型》 ボディ後部をシャシーのみにした仕様。パネルバン等に架装されることが多い。

《2335E1型》 ピックアップの電気自動車。ボンネットの下にはバッテリーが敷き詰められている。

《234421型》 軍用ピックアップ。ロシア軍への納入を目指したが、信頼性の低さから失敗。

«2142型» 4ドアセダンのプロトタイプ。数年がかりで試作車を作り続け、大筋は固まっていたものの、1997年の経営陣入れ替えで白紙となり製品化には至らなかった。その代わり、これをベースとしたリムジンやクーペなどが作られ、AZLKの迷走に拍車をかけた。

«2142R5型» リムジン「クニャージ・ウラジーミル」。官公庁などに1,500台程度が売れた。

«2142Z7型» リムジン「イワン・カリター」。ロシア車屈指の怪デザインで、不評に終わった。

«2142S0型» 2ドアクーペ「デュエット」。先進的シティカーのつもりだったが、需要はなかった。

«2142Z2型» 「デュエット2」。クーペらしくドアを長くしたが、狭い都市部では更に不評だった。

人民の乗用車

Иж-408/412
Izh-408/412

Москвич

モスクヴィッチ

武器屋が作る人民のセダン

《408型》 1966-67年のわずか1年だけ生産されていた408型。精巧な銃器作りに長けたIzhなら品質のいい車ができるはず、と人民は期待したが、実際は真逆でMZMA製よりも劣っていた。Izh製モスクヴィッチは主として国内向けが多かったが、一部は輸出もされた。

車名	412型	412IE-028型
製造期間	1967-1982年	1982-1999年
生産台数	2,313,487台	
車両寸法		
- 全長	4,090mm	4,205mm
- 全幅	1,550mm	1,550mm
- 全高	1,440mm	1,480mm
- ホイールベース	2,400mm	2,400mm
- 車重	900kg	900kg
駆動方式	FR	
エンジン	UZAM-412	UZAM-412DE
- 構成	水冷直列4気筒SOHC	水冷直列4気筒SOHC
- 排気量	1,478cc	1,478cc
- 最高出力	75hp/5,800rpm	73hp/5,800rpm
- 最大トルク	11.6kgm/3,800rpm	11.0kgm/3,800rpm
トランスミッション	フロア4M/T	
サスペンション(F/R)	ダブルウィッシュボーンコイル/リジッド縦置きリーフ	
最高速度	140km/h	142km/h
新車価格	5,000ルーブル	7,100ルーブル

《412IE型》 1970年以降はオリジナルデザインのグリルが採用された。

・開発の経緯

　MZMAが製造していた408/412型モスクヴィッチは、国内外ともに人気車種だった。しかし、その人気に生産体制が追いつかず、国内向けの割当てを減らして輸出に充当する状況が続いており、生産遅滞を解消することは喫緊の課題となっていた。そこでソ連政府は、1965年に銃器とバイクの製造で高名な国防産業省傘下のイジェフスク機械製造工場（Izhmash）に、ルノーの技術協力の下で自動車製造ラインを新設することを決定した。

　なお、同年にはMZMAの工場再編とVAZの新設も決定されている。同じセグメントの競合車種を製造する工場を立て続けに、しかも自動車産業省ではなく国防産業省下に設立させるのは、社会主義経済下のソ連では異例づくしであった。党中央委員会の国防産業担当書記だったウスチノフが、利権を拡大するために手を回した結果とも囁かれているが、真相は定かでない。

　Izhでは独自の設計局が設立され、モスクヴィッチのパーツを流用したオリジナル車種「ZIMA-1」が設計された。しかし、国防産業省はコストのかかる新型車に興味を示さず、結局MZMAと並行してモスクヴィッチを製造することとなった。

・デザインと機構の特徴

　Izhでのモスクヴィッチの製造は1966年12月に始まった。MZMA製造のものとほとんど同一の仕様で、外観上はエンブレムがIzhのものである以外に違いはない。当初は408型のみだったが、1967年12月に412型の製造が始まり、それと入れ替わる形で408型の製造は終了した。

　1969年12月には、本家AZLKではフェイスリフトが実施され、エンジンや安全装備も輸出用と共通の仕様になった。だが、新型パーツの供給が不足していたことから、Izhではエクステリアの変更がなされず、機構部だけを更新した412IE型となった。代わりに、オリジナルデザインのフロントグリルが1970年に導入され、これ以降はIzh独自の進化を遂げていくことになる。

　AZLKが1975年に2140型へのアップデートを果たした後も、Izhは延々と丸目の412IE型を製造し続けていた。国防産業省がモデルチェンジに関心を示さなかったためと言われているが、需要過多のソ連国内市場ではそれでも一定の満足は得られていた。だが、AZLK現行モデルとの乖離があまりに大きくなってきたことから、1982年2月に大型アップデートが図られ、「412IE-028型」へと進化した。基本はあくまでも412型だが、フロントグリルのデザインが一新され、メッキパーツも削減するなど当時の流行に一応合わせようとした形跡は見て取れる。また、二重安全ブレーキなどがようやくAZLKからもたらされ装備された。どこをとっても後進的ではあったが、2101型ジグリや2140型モスクヴィッチとほぼ同価格で販売されていた。ソ連崩壊後は安価になったことで一定の需要を獲得し、1999年まで製造が続けられた。

・イジェフスク生まれの商用車

　Izhで独自進化を遂げたのはセダンだけではなかった。1970年代のソ連では、バンやピックアップなどの貨物車両は、闇市場等の「個人事業」を助長することに繋がるとして流通が制限され、開発もろくにされてこなかった。だが、経済成長と共に人民の生活も多様化し、農民や小売店から乗用車サイズの小型貨物車を求める声が高まるようになった。

　1973年2月には、モスクヴィッチの後部に箱型の荷室を設けたフルゴネット「2715」の量産が開始された。リアのサスペンションが強化され、耐荷重は450kgとなった。また1974年には、ピックアップ「27151」の製造も開始された。ソ連国内では個人に販売されなかったが、西側諸国や南米でも利便性が高く評価され、最終的に230万台以上が出荷された。

人民の乗用車

408型の運転席。意匠は本家に準ずるが、エンブレムはオリジナル。

《ラリー》 競技用車両。ラリー主催者の軍友会と連携していた国防産業省下ならではの車種である。

《412IE-028型》 1982年にフェイスリフトが実施され、フロントグリル一帯のデザインが変更された。ドアハンドルもフラップ型になっている。リアのデザインは412IE型から変わっていない。主として国内向けであったことから、76オクタンガソリンで動くUZAM-412DEというエンジンが搭載される。

運転席。ダッシュボードは本家の2140型に準じて新しくなったが、ハンドルは412型のままだった。

《ZIMA》 Izhで製造予定だったフレーム構造の2ドアセダン。設備投資を拒否されてお蔵入りに。

«27151» 1974年に導入された412型ベースのピックアップトラック。モスクヴィッチの名前は与えられず、商品名も「27151」だった。フルゴネット仕様の「2715」もあった。

«27151-01» セダンに合わせて、ピックアップも1982年にフェイスリフトが実施された。

«2715-01» フルゴネットは、その形状からハイヒールを意味する「カブルーチョク」と呼ばれた。

«27151-013-01» ピックアップの荷台を延長した仕様。中南米のバナナ農園に輸出された。

«27156» フルゴネットの荷室を改造して人員輸送用にした仕様。定員4人だがかなり狭そう。

人民の乗用車　**047**

Иж-2125

Izh-2125   Комби

コンビ

規制の網をかいくぐる妙案ハッチバック

«2125型» 1973-82年式の5ドアハッチバック。グリルのデザインはモスクヴィッチとは異なり、この車種オリジナルとなっている。ほとんどの乗用車がセダンだったソ連において、ハッチバックは斬新で外国車のように見えたという。

車名	2125型	21251型
製造期間	1973-1982年	1982-1999年
生産台数	414,186台	
車両寸法		
- 全長	4,196mm	4,250mm
- 全幅	1,550mm	1,550mm
- 全高	1,480mm	1,480mm
- ホイールベース	2,400mm	2,400mm
- 車重	1,040kg	1,040kg
駆動方式	FR	
エンジン	UZAM-412	UZAM-412DE
- 構成	水冷直列4気筒SOHC	水冷直列4気筒SOHC
- 排気量	1,478cc	1,478cc
- 最高出力	75hp/5,800rpm	73hp/5,800rpm
- 最大トルク	11.6kgm/3,800rpm	11.0kgm/3,800rpm
トランスミッション	フロア4M/T	
サスペンション (F/R)	ダブルウィッシュボーンコイル/リジッド縦置きリーフ	
最高速度	140km/h	142km/h
新車価格	6,700ルーブル	7,400ルーブル

«21251型» 1982年登場のマイナーチェンジ版。グリルのデザインは412IE-028型と共通。

・開発の経緯

　ソ連では、トラックやバン、エステート（ステーションワゴン）などの多量の貨物を輸送できる自動車は、反共産主義的な個人事業を助長するとして一般販売されていなかった。しかし、輸送力に優れるファミリーカーとしてのエステートの利便性は誰もが認めるところであり、ソ連人民の憧れでもあった。

　そんな折、ルノーの「16」が 1966 年の欧州カーオブザイヤーを受賞した。この車は、D ピラーを斜めに配置した 5 ドアハッチバックで、スタイリングと輸送力の両立が評価された。これを見て、一向に仕事が与えられず暇を持て余していた Izh の若手エンジニアは、妙案を思いついた。セダン以上、エステート未満のハッチバックであれば、政府の規制を受けずにソ連人民にも提供できるのではないか。

　このハッチバック計画は、法の隙を突くような車種ではあるものの、ゴーサインが出された。党中央委員会国防産業担当書記のウスチノフが、VAZ 設立のパートナーとしてフィアットではなくルノーを推していたこともプラスに働いた。自動車産業省は難色を示したが、国防産業省傘下の工場である Izh は意に介さなかった。

・デザインと機構の特徴

　新型ハッチバック「2125 型」は、412 型モスクヴィッチをベースとしつつ、Izh 独自で開発が進められ、1973 年 11 月に「コンビ」と名付けられて量産が始まった。セダンの後部にリアクオーターウインドウを設け、45 度傾いた D ピラーを配置したデザインが採用された。この傾斜は、空力性能と同時に、後輪が跳ね上げた泥がリアウインドウに付着しづらくなるという副次的な効果もあった。

　トランクの広さが最大の特徴で、後部座席を倒すことで最大 200kg の荷物を搭載することが可能となった。セダンの 412 型ではトランクに直置きだったスペアタイヤも、トランクフロアの下に収納できるよう設計が見直された。サスペンションもセダンに比べて強化された。この輸送力を活かし、コンビはオートツーリズムを楽しむ人民の心強いパートナーとなった。

　基本的な機構は 412 型モスクヴィッチと同様だが、フロントグリルやテールランプはコンビ独自のものが採用された。丸目を使い続けた Izh 製モスクヴィッチと異なり、国内向けの仕様にも AZLK と同じ東ドイツ製の四角いヘッドライトが装備されている。

　1982 年 11 月には、マイナーチェンジによって「21251 型」に進化した。セダンに合わせてフェイスリフトが実施され、フロントグリルは 412IE-028 型と共通の意匠となった。エンジンも 76 オクタンガソリン対応の UZAM-412DE に変更された。また、本家 AZLK のブレーキやドアハンドルなどの安全装備も導入された。

・人気と衰退

　一般販売されたソ連車として初のハッチバックであったコンビは、ファミリーカーとして人民に高い関心を持たれた。販売価格は 6,746 ルーブルとモスクヴィッチに比べて 1 割弱ほど高額で、品質も Izh 製なのでそれほど良くはなかったが、それでも約 44 万台が売れた。

　もっとも、その人気を支えたのは、荷物が載る車を個人所有しようと思ったら事実上コンビ以外に選択肢がなかったという当時のソ連特有の自動車事情によるところも大きい。1980 年代になると、AZLK や VAZ など他の工場もハッチバックの有用性に気付き、コンビと車格の重複する車種が相次いで投入されるようになった。加えて、1984 年にウスチノフが死去して以降、国防産業省内で Izh への関心が大幅に低下し、資金が回されなくなったことで品質も悪化した。次第に国産車相手にも競争力を失う状況になり、ロシアやウクライナなどの大きな市場からは淘汰されていった。それでもなお、安価を武器にした販売戦略を打ったおかげで、旧ソ連圏の裕福でない地域の農民などから商用車としての需要を獲得し、1997 年まで製造は続いた。

Иж-2126
Izh-2126
Ода

オーダ

後ろ盾に見捨てられた不遇なハッチバック

《2126型》 標準モデルの5ドアハッチバック。当初は、ソ連の宇宙通信システムの名前を取って「オルビータ（Орбита）」と名付けられる予定だったが、イタルデザインに商標登録されていることが判明したため、叙事詩を意味する「オーダ（Ода）」となった。

車名	2126型	
製造期間	1990-2005年	
生産台数	230,775台	
車両寸法		
- 全長	4,053mm	
- 全幅	1,660mm	
- 全高	1,357mm	
- ホイールベース	2,470mm	
- 車重	980kg	
駆動方式	FR	
エンジン	VAZ-2106	UZAM-3317
- 構成	水冷直列4気筒SOHC	水冷直列4気筒SOHC
- 排気量	1,569cc	1,699cc
- 最高出力	76hp/5,400rpm	85hp/5,000rpm
- 最大トルク	12.3kgm/3,500rpm	13.1kgm/3,000rpm
トランスミッション	フロア5M/T	
サスペンション (F/R)	ストラットコイル / リジッドコイル	
最高速度	130km/h	150km/h
新車価格	9,700ルーブル	

流用部品があまり馴染まず、間延びした印象を受ける。VAZと同価格帯だったことも販売不振の要因だった。

Izhの創業以来、同工場はモスクヴィッチとその派生車種の製造を担ってきた。他方で、Izhには独自の設計局があり、完全なオリジナル車種を作ることは技術者たちの悲願であった。1973年に製造が始まった2125型コンビの好調な販売を受けて、若手技術者たちによる自主的な新規車種の開発作業がスタートした。

　当初は、西側の流行を意識して、新型車種はFFとする計画だった。しかし、Izhにエンジンを供給していたUZAMには前輪駆動用のモデルがなく、加えてフルゴネットやピックアップなどの派生車種を作るにあたっては後輪駆動の方が良いとされ、結局縦置きのFRとなった。その代わり、エンジンを助手席側に寄せて搭載することで運転席のペダルを前方に配置し、室内空間を広く確保した。

　ボディは、コンビと同じく輸送力と空力性能を両立させた5ドアハッチバックが採用された。ルノーの技術協力も得て空力性能が大幅に改善され、412型モスクヴィッチのトランスミッションにオーバードライブを加えた5速MTが新たに用意された。

　こうして1980年代初頭には新型車の大筋が完成した。ところが、1984年にIzhの実質的な後見人だった国防大臣ウスチノフが死去し、国防産業省から割り当てられる予算が大幅に削減されてしまった。ヘッドライトカバー等のパーツを他工場との共用部品とせざるを得なくなり、デザインも修正された。製造ラインの建設も遅れ、1990年11月の量産開始時はほとんど手作業で組み立てられていた。ソ連崩壊後の個人事業主の増加で、商用仕様車2715の売れ行きが良くなり、資金を確保できたことで1997年にようやく本格的な量産が始まった。しかし、西側から流入する良質な中古車には対抗できず、エンジンの種類や派生車種を増やしてあがいたものの、当初見込まれたほどの成功とはならなかった。

«21261型» 2004年に追加されたエステート「ファブラ」。わずか2年で製造中止となった。

«2126-030型» 1999年に追加された4WD仕様。ニーヴァの駆動系を流用している。

«2717型» 1997年に追加されたLWBのフルゴネット「ヴェルシア」。耐荷重は650kg。

«27171-063型» ピックアップ27171型のエクストラキャブ4WD仕様「オホートニク」。

人民の乗用車

Izh のコンセプトカー

　国防産業省傘下だった Izh では、自動車産業省のしがらみにとらわれず地元出身の若手技術者を雇っていた。彼らは省の命令と関係なく創造性あふれるコンセプトカーを設計したが、設備投資の制限から製品化されることはほぼなかった。

«TE»　1967 年に全ソ連技術美学研究所（VNIITE）とのコラボレーションで製作されたコンセプトカー。ウエッジシェイプのハッチバックというスタイルは、当時のソ連では画期的だった。ドアはスライド式で、ルーフピラーとフロアに設けられたレールに沿って開閉する。外見は特異だが、中身は通常の 412 型モスクヴィッチで特筆すべき点はない。ソ連では珍しく量産化を前提としないフューチャーモデルに近いコンセプトカーだったが、ここで示されたハッチバック構想は後のコンビに繋がった。

«13»　1960 年代に入ると、西側で FF ハッチバックの大衆車が流行するようになった。Izh の開発部門はいち早く流行を察知し、国防産業省を説得して開発予算を獲得した。こうして、1972 年末に試作車「13」が完成した。デザインは完全オリジナルで、UZAM-412 エンジンを縦置きながら横に寝かせて配置し、その下にトランスミッションを置くという構造で前輪駆動を実現した。ところが、自動車産業省は VAZ で西側メーカーの協力を得て FF 車を開発することを決め、国防産業省も興味を失い、13 はお蔵入りとなった。

«19»　13 のお蔵入りがほぼ確定していた 1974 年、Izh のデザイン部門は、さらに先進的な FF ハッチバックを模索していた。1975 年に完成した「19」には、古典的なデザインを脱しきれない AZLK や VAZ へのアンチテーゼとして、これまでのソ連車になかった要素を盛り込んだ。グリルを隠すフロントマスク、ダイナミックに盛り上がるリアフェンダー、空力抵抗を意識したドアミラーなどは目新しいデザインだった。国防産業省からも自動車産業省からも無視されたが、後のオルビータ（オーダ）のコンセプトに繋がった。

«042»　1989 年に日本から中古車が輸入されるようになると、Izh の開発部門はすぐさま日本車の研究にとりかかった。彼らは乗用車のサイズながら高い積載能力を持つトヨタのライトエースに注目し、1991 年にオーダをベースとするキャブオーバー型バン「042」を開発した。プラスチック部品を多用することで重量を 1,100kg に抑え、バンやトラックとしても使える手頃な車体はソ連では画期的だった。ソ連の崩壊で製品化は絶望的となったが、2011 年までは型式証明が更新されており、復活の意欲はあったらしい。

★コラム　ソ連人民の自動車購入方法

・新車購入の待機列

　1946年に初代モスクヴィッチの量産が開始されたことにより、ソ連の一般人民も自家用車を購入できるようになった。平均年収よりも高額な買い物ができる人民は多くなかったが、憧れのマイカーのためにみな家族ぐるみで貯金した。ところが、政府の想定を超える経済成長による人民の収入増加で、自動車の需要は供給量を大きく上回るようになった。自動車購入の待機リストはみるみる膨れ上がり、納車に5～7年の期間を要する事態がソ連崩壊に至るまで常態化することになった。

　この待機リストは、1950年代は地区ごとに管理されていたが、1960年代には勤務先の労働組合を通じて登録するシステムに変更された。組合ごとに台数が割り当てられ、業績の良い者から優先的に支給されることになっていたが、実際には賄賂や役人の口利きで順番をスキップすることも可能だった。このリストに登録して何年か待つと、順番が回ってきて自動車購入許可証が郵送された。受取日時や車種、価格が記されており、指定の日時に販売店に行って支払うと、ようやく自動車を受領できた。支払方法は現金一括払いのみで、ローンは使えなかった。

・ぼったくり中古車市場

　何年も待てない人や、待機リストに登録できない人は、中古車を購入するという手法もあった。自動車の供給が圧倒的に不足していたソ連では、中古車は新車よりも高額で取引されていた。ソ連政府は、自動車が投機対象とならないよう中古車販売を規制する必要があったため、車種ごとの上限価格が設定されていたうえ、指定委託販売店を通じた売買以外では登録ができない制度になっていた。

　1970年代になると、個人間での中古車売買が解禁された。ただし、上限額規制は相変わらず存在し、委託販売店の中古車鑑定士が作成する証明書がなければ登録することができなかった。鑑定士は、国が策定した基準に従って販売額と買取額を計算し、その差額は「デルタ」と呼ばれる税金として国庫に納入された。加えて、評価額の7％が鑑定士の手数料として徴収された。

　鑑定士に賄賂を支払うことで査定額を低くしてもらい、税額を抑えて浮いた金を当事者同士でひそかに渡すという不正行為も横行していた。さらには、これを悪用して、浮いた金の支払いを約束しながら乗り逃げするという詐欺行為をはたらく買主もいた。そもそも不正行為なので売主側も警察に通報できず、泣き寝入りするしかなかった。

・裏ワザ購入法

　待機リストに登録することなく、合法的に新車を即納で購入できる裏ワザも存在した。その一つは、土産物や高級雑貨を販売する国営スーパー「ベリョースカ」だった。これはソ連に駐在する外交官などの外国人を対象とした店だが、ソ連人民でも利用できた。通常のルーブルでは決済できず、外貨から兌換した金券が必要だった。ベリョースカを使えた人民は、海外で外貨を稼いだ者や、外国人と取引して外貨を得た者、そして闇市場で額面の数倍を払って兌換金券を入手できる一部の高所得層だけだった。

　もう一つの裏ワザは、宝くじだった。ソ連スポーツ委員会が主催する「スポルトロト」や、ソ連軍友会が主催する「DOSAAFロト」が発売され、年間約4,000台の自動車やオートバイが上位賞となっていた。もちろん当選する確率は低かったが、一口30～50コペイカ程度で参加できる宝くじの評判はよく、多くの人民がマイカー獲得を夢見て購入した。

モスクワ南港近くの中古車委託販売店。ソ連末期から闇市場と化した。

BA3-2101

VAZ-2101

ジグリ

Жигули

イタリアから来た新たなスタンダード

《2101型》 1.2Lエンジン搭載の標準モデル。後述の派生車種のほか、右ハンドル仕様（21012型）、21011型の右ハンドル仕様（21014型）、2101型のボディに21011型の1.3Lエンジンを積んだ交通警察仕様（21016型）、1ローターエンジン仕様（21018型）、2ローターエンジン仕様（21019型）などがある。

車名	2101型
製造期間	1970-1988年
生産台数	4,646,900台
車両寸法	
- 全長	4,073mm
- 全幅	1,611mm
- 全高	1,382mm
- ホイールベース	2,424mm
- 車重	955kg
駆動方式	FR
エンジン	VAZ-2101
- 構成	水冷直列4気筒 SOHC
- 排気量	1,198cc
- 最高出力	64hp/5,600rpm
- 最大トルク	8.9kgm/3,400rpm
トランスミッション	フロア4M/T
サスペンション (F/R)	ダブルウィッシュボーンコイル/リジッドコイル
最高速度	142km/h
新車価格	5,200ルーブル

2101型は反射板がテールライトと別パーツで、後退灯はない。

- **開発の経緯**

　1950〜60年代にかけて、イタリアでは伝統的価値観の変化を背景に共産党や社会党が大躍進を遂げた。1963年には社会党を加えた中道左派の連立政権が誕生し、ソ連との関係が深かった共産党もこれを歓迎したことから、親ソ的な政策が進められることになった。他方、ソ連ではモスクヴィッチの生産遅滞が深刻化する中、決定的な対応策を打てないでいた。そのような状況下で、ソ連・イタリア間の対外貿易の一環として、1966年8月に乗用車の製造に関する協定が結ばれ、フィアットの技術協力の下でソ連に自動車工場を設立することが決定された。この工場は、イタリア共産党の指導者トリアッティにちなんで名付けられたクイビシェフ州のトリヤッチに建設されることになり、ヴォルガ自動車工場（VAZ）と命名された。

- **デザインと機構の特徴**

　乗用車の開発協力とは、具体的にはフィアットの4ドアセダン「124ベルリーナ」のライセンス生産を意味した。これは1966年に発表されたばかりの最新車種で、1967年には欧州カーオブザイヤーも受賞していた。

　もっとも、イタリアとソ連とでは、道路状況も自動車の使用状況も異なることから、VAZで製造される車両には一定の改良を加える必要があった。まず、ソ連の道路状況は劣悪であることから、凹凸の激しい未舗装路での走行耐性が要求された。サスペンションやクラッチが強化されたほか、泥の付着に耐えられるよう後輪はドラムブレーキに変更された。車体自体にも、フロアの強化やサイドメンバーの導入などの改良が施され、ボディ剛性も大幅に上昇した。車高も124より11mm上げられた。

　また、本家124はOHVエンジンを搭載していたが、ソ連側が高出力化を見込めて改良も容易なOHCにこだわったため、わざわざVAZ専用にOHC化したエンジンが再設計されることになった。ソ連政府の目論見どおり、このエンジンは30年以上に渡って使い回されることとなる。

　変更は内装にも及び、当時のソ連で流行していた自動車旅行の需要を満たすべく、フルフラットになるシートなどが導入された。これらの変更は、大小合わせて800点にも及び、見た目は124と大きく変わらないながらも、中身は別車種と言えるほどの違いがあった。

　この新型車には「2101型」という型式が与えられた。新しい4桁の分類番号規則が適用された初の事例である。工場に隣接するジグリ山脈に由来する「ジグリ」というサブネームも与えられ、1970年8月には本格的な量産が始まった。

- **ジグリの大躍進**

　フィアット監修の工場で製造されたフィアット設計のジグリは、これまでのオリジナルのソ連車が到底及ばないほどの信頼性の高さを備えていた。モスクヴィッチと外見は似ていながら、高速走行時も静かで、冬場にも一発でエンジンに火が入った。ソ連人民にもジグリの優秀さはすぐに伝わり、5,200ルーブルとモスクヴィッチより若干高額であったものの、製造開始直後から納車待ちリストはたちまち膨らんでいった。

　また、ソ連の過酷な土地柄に合わせて装備が強化された結果、ジグリは本家124よりも優秀な車となっていた。西側市場でも十分に戦えることを確信したソ連政府は、恩を仇で返すかのようにフィアットと競合する市場にもジグリを大量投入していった。焦ったフィアットは、124の次期モデルの発売までジグリの販売を規制しようとしたが、ソ連特有のトップダウン型の工場急拡大と廉価販売には追いつかず、後の祭りであった。

　国内需要と海外需要をともに我が物にした2101型ジグリは、1983年まで製造が続けられ、約465万台というソ連車屈指の大量生産に至った。改良型も含めたジグリシリーズの総生産数は1,500万台を超え、単一車種としてはVWタイプ1に次ぐ規模となった。今日のラーダの礎を築いた伝説的な車種と言ってよいだろう。

人民の乗用車

«21011型» 2101型をボアアップした1.3Lエンジン搭載の輸出仕様。グリル下にエアインテークが追加されたほか、グリルパターンやバンパー形状、シート形状も2101型と異なる。1979年式以降はリアに「1300」のバッジが付く。

21011型には後退灯やCピラーの換気口も装備された。輸出向けだったが、国内でも販売されていた。

«21013型» 21011型の車体に1.2Lエンジンを載せた節税仕様。バッジは「1200S」。

«2101-94型» 2103型の1.5Lエンジンを載せた交通警察仕様。外観上の違いはない。

運転席。ダッシュボードのノッチ間隔が狭いのは1970-74年式の特徴。

«2102型» 1971年に導入されたエステート。本家フィアットの124ファミリアーレをベースとしている。輸出市場向けは「コンビ」というバッジが付いているものもある。コスイギン改革の影響でソ連人民にも販売されるようになったが、国内向けの割り当ては少なく値段も高かったため、需要の多くはIzhコンビに流れた。

荷台には400kgの積載が可能で、後部座席を倒して長尺の物品も運搬できる。

«21021型» 2102型の1.3Lエンジン搭載版。こちらもグリルパターンが異なっている。

«2801型» 2102型ベースの電気自動車。1980年に47台が生産された。

«VFTS-1600R» 改造された2106型の1.6Lエンジンで140hpを発揮するラリー仕様車。

人民の乗用車　　**057**

BA3-2103

VAZ-2103

Жигули

ジグリ

ホワイトカラー向けの高級大衆車

《2103型》 1.5L エンジン搭載の標準モデル。1972 年モデルのみ、新型ダッシュボードの製造が間に合わず 2101 型のものを流用した「2103V 型」となる。このほか、2106 型の 1.6L エンジン仕様（21031 型）、右ハンドル仕様（21032 型）、21011 型の 1.3L エンジン仕様（21033 型）、2101 型の 1.2L エンジン仕様（21035 型）などが存在した。

車名	2103 型
製造期間	1972-1984 年
生産台数	1,304,899 台
車両寸法	
- 全長	4,116mm
- 全幅	1,611mm
- 全高	1,440mm
- ホイールベース	2,424mm
- 車重	1,030kg
駆動方式	FR
エンジン	VAZ-2103
- 構成	水冷直列 4 気筒 SOHC
- 排気量	1,452cc
- 最高出力	77hp/5,600rpm
- 最大トルク	11.1kgm/3,400rpm
トランスミッション	フロア 4M/T
サスペンション (F/R)	ダブルウィッシュボーンコイル / リジッドコイル
最高速度	153km/h
新車価格	7,500 ルーブル

テールランプは赤と橙のレンズを一体成型としている。当時のソ連では画期的な技術だった。

・開発の経緯

1966年にソ連政府とフィアットが締結した契約では、「普通の乗用車」と「高級な乗用車」の2種類についてライセンスを与えることになっていた。普通の乗用車の方は、124ベルリーナがあてがわれ、2101型ジグリとなった。他方、高級な乗用車には、124の上位車種である125があてがわれる予定だったが、これは124と機構が全く異なるため、工場設備の効率化を図りたいソ連側が難色を示した。

そこでフィアットは、カスタムグレードとして開発を進めていた「124スペシャル」にソ連向けの改良を加えてライセンスを与えることにした。この車両はソ連で「2103型」という型式が与えられ、1972年2月に製造が開始された。

・デザインと機構の特徴

フィアットは、2101型はソ連国内向けの商品で、2103型は輸出向けの商品になると認識していた。そのため、後者については市場で競合しないよう、本家124Sとは異なった意匠が与えられた。4灯のヘッドライトは共通しているが、丸みを帯びた124Sのフロントグリルに比べ、2103型のグリルは角張っている上に横幅いっぱいを使うほど大きい。メッキモールも追加され、見た目の押しの強さは2103型の方が勝っている。また、テールライトも2色のアクリルガラスを組み合わせた独自のデザインが採用された。

ボンネットの裏側には遮音材が貼られ、走行時の静粛性が大幅に向上した。ドアの内張りも分厚くなり、アームレストやレザーシートなど高級感の演出も抜かりない。ダッシュボードのデザインも2101型とは別設計で、タコメーターのほか時計や各種警告灯も装備された。安全装備も2101型より手厚く、ソ連車では初めてシートベルトが標準装備となった。

装飾パーツや快適装備の搭載による車重増加に対応するため、2103型には1.5Lエンジンが搭載された。これは、2101型の1.2Lエンジンのピストンストロークを伸ばしたもので、フィアットに無理を言って開発させたOHCエンジンの特性を存分に活かしている。また、2101型とは異なり、電動のラジエーターファンが装備された。交通量が増え渋滞が日常となった都市部では、ありがたい機能だった。

・国内と海外での扱い

2103型は豪華装備を備えた高級グレードとしての位置付けだったが、ソ連国内でも一般販売されていた。2101型が5,100ルーブルからであったのに対し、2103型は7,200ルーブルと約1.4倍の価格差があったが、他人より上等な車に乗りたいがヴォルガには手が届かないホワイトカラー人民に人気だった。

ハンドル、ダッシュボード、メーター類は2101型と異なる高級感のあるデザインとなった。

当初の予定通り、海外輸出も積極的に行われた。「ジグリ」という名前は、イタリアやフランスでは男妾を意味するジゴロと混同されるおそれがあったことから、「ラーダ1500」や「リーヴァ」、「コンテッセ」など様々な商品名で展開された。また、西側では排気量に応じて課税額が変わるのが一般的であったことから、下位モデルの小排気量エンジンを搭載した節税仕様もラインナップされた。2103型の市場規模は2101型には及ばなかったが、年間平均10万台を越える数が製造され、最終的には約130万台が出荷された。

ВАЗ-2106

VAZ-2106

Жигули

ジグリ

皆が羨む高級車だったのに晩年は最底辺

《2106型》 標準モデルとなる1.6Lエンジン搭載の4ドアセダンで、バッジは「1600」。後述の派生モデルのほか、右ハンドル仕様（21062型）、1.5Lの右ハンドル仕様（21064型）、1.3Lの右ハンドル仕様（21066型）、ユーロ2対応仕様（21067型）などが存在した。

車名	2106型
製造期間	1975-2006年
生産台数	3,946,256台
車両寸法	
- 全長	4,166mm
- 全幅	1,611mm
- 全高	1,440mm
- ホイールベース	2,424mm
- 車重	1,040kg
駆動方式	FR
エンジン	VAZ-2106
- 構成	水冷直列4気筒 SOHC
- 排気量	1,569cc
- 最高出力	80hp/5,400rpm
- 最大トルク	12.3kgm/3,500rpm
トランスミッション	フロア4M/T
サスペンション(F/R)	ダブルウィッシュボーンコイル/リジッドコイル
最高速度	157km/h
新車価格	7,900ルーブル

《21061型》 2103型の1.5Lエンジン搭載仕様。5MT仕様はバッジが「1500S」となる。

フィアットから「高級な乗用車」としてライセンスを受けた2103型ジグリは、本家の124Sと異なるソ連独自の豪華な装備が売りだったが、ふんだんにあしらわれた装飾パーツによって製造コストがかさんでいた。VAZは、製造コストの削減とモデルチェンジを同時進行で実施することにし、早くも1974年末には作業が開始された。

　こうして出来上がった「2106型」は、1975年12月に製造が開始された。2103型の特徴であるメッキ加工が施された大きな金属製フロントグリルは、樹脂製に変更となった。審美性の維持のためにグリル開口部はメッキ加工が施されているが、ライト周りなどは樹脂が剥き出しで、安っぽくなった印象を受ける。もっとも、樹脂製パーツの使用自体は世界的な流行でもあり、これがただちに輸出市場の評価を悪くすることはなかった。テールランプや前後のバンパーも西側の保安基準に合わせて大型化された。

　内装を見ると、ダッシュボードやハンドル、ドア張り等のデザインは2103型から変わっていない。しかし、シートにはヘッドレストが装備され、生地が革張りからベロア張りに変更された。いかにも1970～80年代らしい仕様で、ソ連人民の目には新鮮に映った。

　輸出市場のほか、国内市場でも一般販売はされていたが、その価格は7,900ルーブルと高額だったため、一握りのホワイトカラー人民しか手に入れることはできなかった。2106型の登場後も2103型が1984年まで並行して生産されていたのは、2106型を買えない人民の需要を汲み取ってのことであった。もっとも、1980年代後半になると、スプートニクの登場で2106型の市場価値は低下し、ソ連崩壊後にはロシアで最も安い自動車の一つとなった。それでも、かつての高級車であった2106型への憧れは高齢者層を中心に根強く、2006年まで製造が続いた。

«21061-037型» 1.5エンジン搭載のカナダ輸出仕様。大型の5マイルバンパーが装備される。

«21063型» 21011型の1.3Lエンジン搭載仕様。バッジは「1300SL」となる。

«21065型» 1990年からIzhで製造された2106型の改良版。グリルのメッキがなくなった。

«ツーリスト» 2ドアピックアップ仕様。荷台部にテントを設置できる。量産はされなかった。

ВАЗ-2105

VAZ-2105

Жигули

ジグリ

無機質無個性のTHE共産主義車

《2105型》 標準モデルとなる1.3Lの4ドアセダン。もっとも実際には1.2Lや1.5Lエンジンを載せた仕様の方が多かった。後述の派生モデルのほか、21011型の旧式エンジンを載せた仕様（21052型）、1.5Lモデルをインジェクション化した仕様（21053-20型）、2106型の1.6Lエンジンを載せた仕様（21054型）などがあった。

車名	2105型	2107型
製造期間	1980-2010年	1982-2012年
生産台数	約2,091,000台	約3,100,000台
車両寸法		
- 全長	4,128mm	4,145mm
- 全幅	1,620mm	1,611mm
- 全高	1,446mm	1,440mm
- ホイールベース	2,424mm	2,424mm
- 車重	995kg	1,030kg
駆動方式	FR	FR
エンジン	VAZ-2105	VAZ-2103
- 構成	水冷直列4気筒SOHC	水冷直列4気筒SOHC
- 排気量	1,294cc	1,452cc
- 最高出力	64hp/5,600rpm	71hp/5,000rpm
- 最大トルク	9.4kgm/3,400rpm	10.7kgm/3,500rpm
トランスミッション	フロア4M/T	フロア4M/T／5M/T
サスペンション(F/R)	ダブルウィッシュボーンコイル／リジッドコイル	
最高速度	145km/h	150km/h
新車価格	8,000ルーブル	9,100ルーブル

《21051型》 2101型の1.2Lエンジンを載せた節税仕様。バッジは「1200」。

- **開発の経緯**

 2101型ジグリは、1966年に発表されたフィアット124のライセンス生産品であった。当時としては最新車種だったが、西側のモデルスパンは短く、5年も経てば様々な面が時代遅れになっていく。一般的にはフルモデルチェンジを検討するタイミングだが、ここはソ連である。喉から手が出るほど欲しい西側の技術を合法的に手に入れたVAZがそう易々とジグリを諦めるはずもない。ライセンスを骨の髄までしゃぶり尽くすべく、1974年にマイナーチェンジ計画が始動した。

- **デザインと機構の特徴**

 1980年1月に、2101型の後継となる「2105型」の製造が開始された。車体構造自体は2101型と大きくは変わらず、主な変更点は内外装とエンジンである。

 1970年代の自動車界は、直線を基調としたジウジアーロ風のデザインが一世を風靡していたことから、2105型にもエッジの効いたボディが採用された。ヘッドライトユニットも長方形になったが、その中にはモスクヴィッチと同型のライトが入っている。また、グリルやモールなどのメッキパーツが一掃された。西側の流行に合わせたというのが表向きの理由だが、コストカットも大きな要因であった。三角窓の廃止もその一環である。

 また、西側市場での保安基準に対応し、ドアフレーム内に側面衝突時の衝撃を吸収するためのメンバーが入れられた。バンパーの大型化もその一環だが、これは5マイルバンパーの基準に則ったもので、北米市場への輸出も目論んでいたことが伺える。

 パワートレインには、21011型のものをベースに改良を加えた1.3Lエンジンが標準モデルとされた。ソ連車で初めてゴム製のタイミングベルトが装備され、アルミ製ヘッドカバーと相まって静粛性が向上した。

 選択肢の乏しいソ連では、2105型も納車待ちが生じるほどの人気車種だった。1990年代以降は、西側での競争力は急速に失われていったが、安さに裏付けられた国内需要と新興国需要は途絶えることはなく、2010年まで製造が続いた。

- **高級仕様2107型**

 ジグリには通常版（2101/2105型）と高級版（2103/2106型）の2つのグレードラインがあったが、2106型は1975年という早期にモデルチェンジされたことから、1980年代には既に意匠などが古くなりつつあった。そこで、モデルチェンジと生産ラインの効率化を同時に達成すべく、高級版は2105型のカスタム仕様として再設計されることになり、1982年3月に「2107型」の製造が開始された。

 最大の特徴となるのは、クロームパーツを使用した大型のフロントグリルだ。取って付けたような不自然さは「メルセデスのなりそこない」などと揶揄されることもあったが、市場には概ね好意的に受けとめられた。内装を見ると、オリジナルのハンドルが採用されたほか、ダッシュボード中央にもエアコンの吹き出し口を設けるなど快適性に配慮した変更がされている。また、2103型に搭載されていた1.5Lエンジンが標準仕様とされるなど、2105型との差別化に腐心した様が伺える。

 ソ連崩壊後も最安価クラスの自動車として途絶えることのない需要があり、Izh、ZAZ、LuAZのほか、エジプトでも現地生産が行われた。最終的に、2014年までの30年間に渡って製造が続けられた。

2105型の運転席。2006年にハンドルが変更されたが、ダッシュボードは製造終了まで変わらなかった。

人民の乗用車

«21053型» 2103型の1.5Lエンジンを載せた上級仕様。バッジは「1500」。

«21059型» 2ローターエンジン搭載仕様。KGBやGAIに納入され、外見からの判別は困難だった。

«2104型» 1984年に追加された1.3Lのエステート。2102型をベースに、2105型と同様の意匠が与えられた。テールランプも大型化し、2102型とは印象が大きく変わった。ソ連崩壊後も安価な輸送手段として需要があり、販売数100万台を越えるヒット作となった。

«21043型» 2103型の1.5Lエンジンを載せた上級仕様。グレード構成はセダンと同様だった。

2104型は2004年にIzhに製造移管され、2107型の顔面を移植した仕様も作られた。

《2107型》 1982年に導入された2105型の豪華版。標準仕様は2103型の1.5Lエンジンを搭載しており、クローム加工が施された大型のフロントグリルが特徴となっている。ほかにも、冷暖房やヘッドレスト一体型のシートなどが装備される。

リアの意匠はほぼ同じだが、テールランプの点灯パターンが2105型とは異なる。

《21072型》 2105型の1.3Lエンジンを搭載した廉価グレード。

《21074型》 2106型の1.6Lエンジン搭載モデル。国内向けとしては最新かつ最高の仕様だった。

《IZh-27175》 IZhで2007年から製造された2104型ベースのフルゴネット。

人民の乗用車

ВАЗ-2108

VAZ-2108

Спутник

スプートニク

現代に続く新世代のFFハッチバック

《2108型》 標準仕様となる1.3Lエンジン搭載の3ドアハッチバック。1984-91年式の前期型はフロントマスクが別パーツで、なんとも歪である。派生車種として、1.1Lエンジン仕様（21081型）や1.5Lエンジン仕様（21083型）、2ローターエンジン仕様（2108-91型）などがあった。

車名	2108型
製造期間	1984-2004年
生産台数	約885,000台
車両寸法	
- 全長	4,006mm
- 全幅	1,650mm
- 全高	1,402mm
- ホイールベース	2,460mm
- 車重	1,395kg
駆動方式	FF
エンジン	VAZ-21080
- 構成	水冷直列4気筒SOHC
- 排気量	1,289cc
- 最高出力	64hp/5,600rpm
- 最大トルク	9.6kgm/3,600rpm
トランスミッション	フロア5M/T
サスペンション(F/R)	ストラットコイル/トーションビームコイル
最高速度	150km/h
新車価格	8,300ルーブル

リアには排気量を示すバッジが付き、数字の後の文字はトリムレベルを示す。

・開発の経緯

1959年に英BMCが「ミニ」を発売したのを皮切りに、西側の自動車界では、横置きエンジンを前部に搭載して前輪を駆動させるFF車が大衆車のスタンダードとなった。パーツ点数を減らせて、室内空間も広く確保できるという大きな利点があったためである。西側市場を重視するソ連もこの流行を察知しており、VAZでは創業当初の1971年よりジグリの後継を見据えたFF車の開発が始まっていた。ソ連の工場にFF車の製造経験はなく、開発は難航した。1976年には独自で開発作業を進めていたVAZとZAZが協力する態勢も整ったが、強豪ひしめく西側市場で競争に勝ち抜くだけの技術開発は絶望的な状況だった。

そこでソ連政府は、西側メーカーからライセンスを取得して技術を得ることにした。フィアットのライセンスを使ったジグリの大量生産という成功体験が大きく影響していた。1979年には政府の正式承認も下り、国家科学技術委員会の年間予算の8割をつぎ込む一大プロジェクトがスタートした。

・デザインと機構の特徴

潤沢な予算を与えられたVAZは、様々な西側メーカーからライセンスを買い集めた。その中には、ポルシェやVW、ミシュランなど有名メーカーも多数含まれている。こうして1984年12月には、ソ連車初のFF大衆車「スプートニク」の製造が開始された。名前の由来はもちろん、ソ連が誇る世界初の人工衛星だ。この時代は、建物や新聞、各種消費財などあらゆるものがスプートニクと名付けられていた。

最初にラインオフしたのは、3ドアハッチバックの「2108型」だった。これまでのソ連車はセダンが主流だったが、西側大衆車の流行で、かつIzhコンビでも有用性が実証されていたハッチバックが採用された。デザインはジウジアーロやベルトーネ風の直線基調のシンプルなもので、これも西側の流行を取り入れたものである。

標準仕様となる1.3Lの4気筒エンジンは、横置きFF用に新規開発されたものである。極寒のマガダンや灼熱のトルクメニスタンなど過酷な条件下でのテストが繰り返され、気候耐性は非常に高かったが、オイル漏れや摩耗などの不具合は多かった。車体構造は当時としては進歩的で、前輪はストラット、後輪はトーションビームによる懸架など、現代のFF車にも通じる設計とされた。

1987年3月には、5ドアハッチバックの「2109型」が追加され、主力モデルの座を奪った。待望の4ドアセダンは2110型として開発が進められていたが、型式認定を簡略化すべく2109型の派生車種という扱いとなり、1990年12月に「21099型」として量産が始まった。

・市場での扱いと続く血脈

ジグリと同様、スプートニクも積極的に海外に輸出された。もっとも、スプートニクという名前はあまりにプロパガンダ臭いことから、多くの市場ではVAZの工場があるクイビシェフ州の古名に由来する「サマーラ」という名前だった。西側市場では、信頼性に難はあるものの安価で使い勝手の良い大衆車として人気を集め、現地ディーラーが独自のカスタム仕様車も販売していた。ソ連国内でも一般販売されており、価格は8,300ルーブルからだった。2105型ジグリよりは高額だが2106型よりは安価で、ハッチバックを活用した自動車旅行を楽しみたい人民が背伸びをして買う例が多かった。

スプートニクは、2011年まで製造が続けられ、シリーズ合計で約264万台が出荷された。莫大な投資の下で最新技術を盛り込んだ「ガンマ・プラットフォーム」は、25年をかけての償却が予定されており、これ以降のVAZ製品は、ことごとくこのプラットフォームが流用された。プリオラやカリーナ、グランタなどラーダブランドの主力車種たちは、紛れもなくスプートニクの血脈を継いでいるのだ。

1991年にフェイスリフトが実施され、21099型と統一された。不評だった樹脂製フロントマスクがボディと一体化し、グリルも新しくなった。グレード構成は前期型とほぼ同一だが、1.5Lモデルにインジェクション仕様が追加された。

«2109型» 1987年に導入された5ドアハッチバック。寸法やグレード構成は2108型と同じ。

2109型も1991年にフェイスリフトが行われた。

鳥のくちばしのような形の前期型フロントマスクは不評で、輸出市場では別パーツに換装して売られた。

«サマーラ・バルチック» フィンランドのヴァルメットが契約生産したモデル。ソ連製より高品質だった。

《21099型》 1990年に導入された4ドアセダン。オーバーハングが2109型より199mm延長されている。標準仕様が1.5Lエンジンで、2108/2109型より高級な位置付けだった。バッジは、スタンダルトが「1500S」、ノルマが「1500」、リュクスが「1500L」となる。

《21099-20型》 1.5Lのインジェクション仕様。バッジはトリムを問わず「1500I」となる。

《サマーラT3》 仏オレカ監修の下VFTSで製作されたラリー仕様車。ポルシェのエンジンを搭載する。

《ナターシャ》 ベルギーのスカルディアが製作したオープン仕様。VAZのデザイナーが設計を担当した。

《ボヘミア》 チェコのMTXが製作したオープン仕様。独自の意匠を備えたが量産はされなかった。

BA3-2110
VAZ-2110
110

110

ずんぐり奇怪なプレミアムコンパクト

《2110型》 標準モデルの4ドアセダン。初期のみ設定された1.5Lのキャブ仕様(21100型)以外は、全てインジェクションとなる。1.6LのSOHC仕様(21101型)、1.5LのSOHC仕様(21102型)、1.5LのDOHC仕様(21103型)、1.6LのDOHC仕様(21104型)、1.3Lの2ローター仕様(2110-91型)の5種類があった。

車名	2110型
製造期間	1996-2008年
生産台数	560,000台以上
車両寸法	
- 全長	4,265mm
- 全幅	1,680mm
- 全高	1,420mm
- ホイールベース	2,492mm
- 車重	1,485kg
駆動方式	FF
エンジン	VAZ-2110
- 構成	水冷直列4気筒 SOHC
- 排気量	1,499cc
- 最高出力	71hp/5,600rpm
- 最大トルク	10.6kgm/3,400rpm
トランスミッション	フロア 5M/T
サスペンション (F/R)	ストラットコイル/トーションビームコイル
最高速度	165km/h
新車価格	63,000,000ルーブル

本来はリアハッチ右部に排気量やグレードを示すバッジが付くが、糊付けだったので紛失している個体も多い。

• 開発の経緯

　1984年に製造が開始された2108/2109型スプートニクは、3ドアと5ドアのハッチバックを主力モデルとしていた。これは西側市場で大衆車の主流がハッチバックであったことによるが、他方で高級車は相変わらずセダンであった。そこでVAZは、スプートニクをベースとした上位車種を設定し、「プレミアムな大衆車」という立ち位置のセダンを発売することを計画した。

　しかし、低品質の車を安く売ることしか知らないVAZにとって、高級志向の車種の開発は未知の領域だった。加えて1980年代後半になると、市場経済を志向する政府の方針で、VAZに割り当てられる開発予算が大幅に削減された。新型セダン「2110型」の開発は一時中断を余儀なくされ、2109型をセダン化した21099型がデビューすることになった。結局、2110型が日の目を見たのは、ソ連崩壊後のことであった。

• デザインと機構の特徴

　こうして、1996年1月に「110」という車名を与えられて2110型の量産が始まった。スプートニクの叩き売りで開発資金を稼いだVAZは、これまでのソ連車にはなかった革新的なデザインを追い求め、骨ばったスプートニクがベースとは思えないほど丸みを帯びたふくよかなボディを採用した。空力性能も向上し、Cd値は0.32と現代の乗用車と比べても遜色ない。もっとも、西側基準で見ると怪しげに膨らんだ謎のスタイルでしかなく、「妊娠中のアンテロープ」や「出来損ないのザガート」などと散々な陰口を叩かれた。足回りの部品がスプートニクと共用で、図体に比べて小さい13インチのホイールを採用してしまったことが怪しさの一因だろう。

　また、西側市場では1980年代に既に主流になっていたインジェクション（電子制御式燃料噴射装置）が、ロシア国内向けの民生車両として初めて標準仕様となった。下位グレードにはキャブレター仕様もあったが、2004年のマイナーチェンジの際にカタログ落ちした。エンジンは複数から選択可能で、1.5Lと1.6L、SOHCとDOHCの計4種類の組み合わせがあった。これらはいずれも2108型に搭載されていたものの改良型である。また、受注生産ではあったものの、2ローターエンジン搭載モデルも用意されていた。

　トリムレベルには、スプートニクと同じスタンダルト、ノルマ、リュクスにスーペルリュクスを加えた4種が用意された。フォグランプやリアスポイラー、シートヒーターなどの装備が異なっていた。

• ソ連車からの脱却

　生まれながらのロシア車として販売されることになった110は、民営化したVAZがブランド名として「ラーダ」を冠した最初の車種となった。1997年8月にはエステートの「111（2111型）」、1999年2月にはハッチバックの「112（2112型）」が追加された。また、110シリーズには、リムジンやクーペなどの嗜好要素の強い派生車種も設定された。政府の命令で自動車を開発していたソ連時代とは異なり、民営企業として独自の開発ができるようになったことの証左であろう。

　目新しいデザインとプレミアム感、動力性能の高さが相まって、ロシアやウクライナでは人気が高かった。VAZだけでは供給が追い付かず、KrAZやLuAZ、チェルカーシのボフダン工場でも製造が行われた。110だけで約103万台を生産するなど、局地的な人気車種として成功を収めたと言えよう。

　110は、ジグリやスプートニクと同様に海外市場での成功を目指しており、Euro-2～4の排気ガス規制にも対応していた。ところが、車体剛性が低くガラスにヒビが入る、ダッシュボードの固定が甘く劣化で反り返る、設計ミスでギアボックスが破損するなどの初期不良が多発したことから、欧州市場では全く売れず、主としてCIS諸国への輸出にとどまった。

人民の乗用車

«2111型» 1997年に導入された5ドアエステート。販売名は「111」。

«2112型» 1998年に導入された5ドアハッチバック。販売名は「112」。

«110 ボフダン» ウクライナで製造されていた110。グリルやライトの意匠やグレード構成が異なる。

«21106型» WRCのホモロゲ取得モデル。オペル製エンジンを搭載し、ワイドボディ化もされている。

«21108型» 175mm拡大したLWB仕様「プレミエール」。官公庁などに700台程度が売れた。

«21109型» 650mm拡大したリムジン仕様「コンスール」。末期AZLKと似た迷走を感じさせる。

«21123型» 112の3ドアクーペ仕様。ホットハッチとして免許取り立てのゴプニクに人気の一台。

« アンテル2» 2003年に製作された水素燃料電池車。90Lのタンクを搭載し、航続距離は350km。

★コラム　ソ連の自作車両

　計画経済下での需給バランスの歪みにあえぐソ連の自動車工場では、一般人民向けには画一化と効率化が図られたセダン型乗用車しか供給がなかった。外国車の輸入は一部の特権階級しかできず、スポーツカーなどの「趣味車」を人民が楽しむことはできなかった。

《レニングラード》 自作車両の先駆け。流麗なデザインが後世でも評価され、近年廃車から復元された。

　供給がないなら自分で作ればいい。そう考えたエンジニアのA.パピッチは、GAZ-ZiMのエンジンや足回りを使って、オリジナルの2ドアコンバーチブル「レニングラード」を1956年に作り上げた。シンフェロポリからレニングラードまでの約2,000kmを20時間で走破するという記録を打ち立てたことで雑誌に取り上げられ、自作車両は一気に注目を集めた。ところが、整備不良の自作車両が街中に溢れる事態を危惧した当局は、自作車両の登録を禁止してしまった。

　しかし、ソ連人民の創造性への欲求を抑えることはもはや不可能だった。技術雑誌が主導して自作車両に関する規則の整備が進められ、1965年には、排気量900cc以下、最高速度75km/h以下などの要件を定めた自作車両登録規則が施行された。居住地の自動車クラブが要件を満たしていることの証明書を発行し、これにパーツの購入証明書を添えて交通警察に提出すれば、自作車両でもナンバープレートが発行されて公道を走れるようになった。

　国家のお墨付きを得たことで、自作車両ブームが起こり、コンテストやワンメイクレースも開催されるようになった。同僚と費用を出し合って職場の片隅で開発に勤しむ者もいれば、自宅の一室をガレージに改造して個人で組み立てる者もいた。スポーツカーだけでなく、水陸両用車やオフロードカーなども作られた。

　1980年には排気量や寸法の制限が緩和され、より精巧なスポーツカーも作られるようになった。ところが、1980年代後半には市場開放によって外国製スポーツカーが輸入されるようになり、自作車両は一気に衰退した。

《スポルト900》 NAMIの有志エンジニア6人が開発。ZAZ-966のV4空冷エンジンを搭載する。

《パンゴリーナ》 VAZ-2101ベースの「ソ連製カウンタック」。最高速度180km/hを記録した。

《イフティアンドル》 VAZ-2103エンジンをリアに配置し、アルミ製ボディを架装した水陸両用車。

ЗАЗ-965

ZAZ-965　　　**Запорожец**

ザポロージェツ　初代

VW とフィアットを融合させた鉄の豚

《965A型》 内部機構を改善した後期型。外装デザインは型式と関係なく度々変更が行われている。方向指示器がフェンダー上にあれば1960-61年式、方向指示器がライト下に移動してリアのナンバー上に通気口があれば1961-64年式、フロントに楕円形のホーングリルがあれば1964-67年式、ホーングリルが台形であれば1967-69年式。

車名	965型	965A型
製造期間	1960-1963年	1962-1969年
生産台数	322,166台	
車両寸法		
- 全長	3,330mm	
- 全幅	1,395mm	
- 全高	1,450mm	
- ホイールベース	2,023mm	
- 車重	610kg	
駆動方式	RR	
エンジン	MeMZ-965	MeMZ-966
- 構成	空冷V型4気筒OHV	空冷V型4気筒OHV
- 排気量	746cc	887cc
- 最高出力	23hp/4,000rpm	27hp/4,000rpm
- 最大トルク	4.5kgm/2,200rpm	5.3kgm/2,800rpm
トランスミッション	フロア4M/T	
サスペンション (F/R)	トレーリングアームトーションバー / スイングアクスルコイル	
最高速度	80km/h	90km/h
新車価格	1,800ルーブル	

《965AE型》 豪華装備が追加された輸出仕様車。「ヤルタ」という名前で売られることもあった。

・開発の経緯

　1956 年、402 型モスクヴィッチがデビューした。人民の期待は高かったが、モデルチェンジに伴って旧来のモデルより価格が 1.7 倍に跳ね上がってしまった。このままでは低賃金で労働に勤しむ人民に平等に自家用車の購入機会を与えることができない。そこでソ連政府は、402 型の下位車種を新たに設定することにした。MZMA は、参考資料としてフィアットの 600、VW のタイプ 1 などを輸入し、ソ連版の「国民車」の開発が始まった。

　1957 年には「444 型」という試作車が完成した。しかし、MZMA は既存モデルの製造ですら遅滞が常態化しており、とても新たな車種を製造する余裕はなかった。そこで、ウクライナ南部のザポリージャにある農業機械工場に自動車製造ラインを新設し、ザポリージャ自動車製造工場（ZAZ）と改称して、1960 年 11 月に国民車の量産にありつけることになった。

・デザインと機構の特徴

　新型国民車「965 型」には、ザポリージャ市民や当地のコサックの一派を意味する「ザポロージェツ」という商品名が与えられた。ちょうどモスクヴィッチと対になるネーミングと言えるだろう。

　ボディデザインは参考資料だったはずのフィアット 600 の丸パクリで、フェンダーやボンネット、窓の形に至るまでそっくりである。モスクヴィッチと異なり国内需要を満たすことが主任務だったので、パクリでも問題ないとの判断だったのだろう。リアサスペンションも、フィアットのダイアゴナル・スイングアクスルのコピーであるが、フロントサスペンションには、VW タイプ 1 からコピーしたトーションバーが採用された。当時人気を誇った小型車の技術の寄せ集めではあるが、あまりに露骨なパクリ様に、西側メディアからは「フォルクスフィアットヴィッチ」などと揶揄された。

　パワートレインには、MZMA での開発段階では BMW-600 からコピーした空冷の水平対向 2 気筒エンジンが予定されていたが、軍事転用する際に整備性に難があるとの注文が軍から寄せられ断念せざるを得なかった。結局、製品版にはタトラの V8 エンジンに着想を得た、空冷 V 型 4 気筒エンジンが搭載された。空冷 RR 自体は VW タイプ 1 に倣ったもので、かつてナチス政権下の国民車構想で示されたものでもあった。冷却液を使用しない空冷エンジンは、経済力の低い人民でも自家整備がしやすいよう配慮したものであるほか、寒冷地帯の多いソ連では冬場の始動が楽という点でも大きな利点があった。

　1962 年 10 月には、ボアアップで排気量を増やし、出力を 27hp に上げた改良型エンジンを搭載する「965A 型」が登場した。1965 年 5 月には 30hp にアップデートされたが、車両の型式は変わっていない。

・国内と海外の評判

　965 型は、ソ連国内では 1,800 ルーブルからという価格設定で販売された。当時の労働者の平均月収の 20 倍（俗説にはウォッカ 1,000 本分）というのが算定根拠で、モスクヴィッチのおよそ半額であったから、労働者人民にとっても購入のハードルは低かった。トランクの狭さや騒音、エンジンのオーバーヒートなど値段相応の品質の低さも目立ったが、自動車保有率が低かったソ連では、人民に移動の自由をもたらす画期的な存在だった。

　また、空冷エンジンという特性を活かし、寒冷地帯である北欧市場には好調に輸出もされていた。輸出仕様「965E/965AE 型」は、遮音装備やサイドミラー、モールの装着などがなされた豪華版で、国内向けとは別物だった。

　他方、東ドイツ市場では、出来損ないのフィアットのようなデザインから「鉄の豚」などと揶揄され、品質やオーバーステア気味のハンドリング性能も評判が悪かった。トラバントの購入に長蛇の列ができる中、ザポロージェツには誰も見向きせず即納可能な状態だった。

ЗАЗ-966/968

ZAZ-966/968　　　Запорожец

ザポロージェツ　2代目
オーバーヒートに怯える人民のアシ車

《966型》 1969-71年式の前期型。大きなフロントグリルが特徴だが、リアエンジンなのでただの飾りである。1970年12月までの製造個体は、グリルに埋め込まれた車幅灯がウインカーも兼任していた。

車名	966/968型
製造期間	1966-1994年
生産台数	3,100,338台
車両寸法	
- 全長	3,730mm
- 全幅	1,535mm
- 全高	1,370mm
- ホイールベース	2,160mm
- 車重	720kg
駆動方式	RR
エンジン	MeMZ-968
- 構成	空冷V型4気筒OHV
- 排気量	1,198cc
- 最高出力	40hp/4,400rpm
- 最大トルク	7.5kgm/2,400rpm
トランスミッション	フロア4M/T
サスペンション (F/R)	トレーリングアームトーションバー/セミトレーリングアームコイル
最高速度	116km/h
新車価格	3,000ルーブル

「耳」と呼ばれる吸気口が特徴。開口部の位置は、1973年頃を境にフェンダー中央部へと後退する。

・開発の経緯

 1960年にラインオフした965型ザポロージェツは、とにかく安価で人民に自家用車を供給することを目的として設計された車だった。しかし、その徹底したコスト削減策による性能と品質の悪さは、輸出市場はもとよりソ連国内ですら評判が悪かったことから、早くも1961年には次期モデルの開発が始まった。965型の最大の問題は、室内空間の狭さとエンジン冷却構造の欠陥だった。これらを解決するには抜本的なモデルチェンジが不可欠であり、ZAZは新たな「参考資料」を探すことになった。まず目を付けたのは、アメリカでは異例の空冷RRを採用していたシボレーのコルベアだった。これは欧州の自動車界にも衝撃を与え、西独NSUのプリンツ4や、英ヒルマンのインプなど、コルベアを参考にした小型車も登場していた。特に後二者はまさにZAZが求めていた車格であり、新型モデルの開発に大いに影響を与えた。

・デザインと機構の特徴

 2代目ザポロージェツは、エンジンをより後方に押しやって3ボックスのノッチバックスタイルにし、さらにホイールベースを拡大することで室内空間を確保した。外装デザインはプリンツ4のパクリで、特にフェンダー上のプレスラインなどは酷似している。また、エンジンの冷却性能向上のため、リアフェンダー上に「耳」と呼ばれる膨らんだ大型の吸気口が設置された。

 フロントサスペンションは先代同様にVWからコピーしたトーションバーだが、リアは新設計のセミトレーリングアームとなった。路面追従性が向上し、乗り心地とともに高速走行時の安定性にも寄与した。

 本来は、モデルチェンジに合わせてエンジンの排気量を1.2Lに拡大し、ギアボックスも新しくなる予定だった。しかし、1966年3月の製造開始には量産化が間に合わず、新型のボディに先代965A型の0.9Lエンジンを搭載した「966V型」が過渡期仕様として先行デビューすることになった。新型エンジンを搭載した本命の「966型」の製造が始まったのは、1967年3月のことだった。

 1971年3月には、中期型となる「968型」がデビューした。輸出市場の安全基準に合わせた改良が主で、二重安全ブレーキや樹脂製ダッシュボードが装備された。1973年5月に導入された改良版の「968A型」では、フロントのダミーグリルが金属製のオーナメントに変更された。また、ドアロックがようやく装備され、衝突時にステアリングシャフトが折れる機構も採用された。

 1979年9月には、後期型となる「968M型」がデビューした。フロントマスクのパネルが凸型に膨らんだほか、特徴的だった「耳」がなくなり、吸気はボンネット上部のスリットから、冷却用の空気はサイドのスリットからそれぞれ取り入れる形となった。「耳」の膨らみがぶつけやすく不評だったほか、道路上のゴミや窓から捨てられた煙草を吸い込んで火災が発生する事故が相次いでいたという事情もあった。

・国内と海外の評判

 室内が広くなり、騒音も軽減されて居住環境が良好になった2代目ザポロージェツは、1969年時点では3,000ルーブルという安価で販売されたこともあり、ソ連国内では安定した人気を獲得した。エンジンが駆動輪の真上にあることからトラクションがかかりやすく、路面状況の悪い地方部でも走破性に優れる乗用車として評価が高かった。

 もっとも、先代より1.6倍以上に値上がりしたことで、ジグリやモスクヴィッチに比べた品質の低さも指摘されるようになった。特に空冷エンジンの耐久性は不評で、公式には12万キロの耐用が謳われたが、実際には5万キロ毎のオーバーホールが必要だった。なお、965型の受けが悪かった東ドイツでは、不評の原因はある程度解消されたものの、今度はトラバントより高額になったことでやはりそっぽを向かれてしまった。

《試作車》 1964年に製作された試作品。細部の意匠は異なるが、製品版はこれを基にしたと考えられる。

《966V型》 先代965A型の0.9Lエンジンを搭載した1966-67年式の過渡期仕様。

《966E型》 輸出仕様。バックミラーやラジオなどが標準装備されたほか、フォグランプも追加できた。

《968型》 1971-73年式の中期型フェーズI。独立型ウインカーとバックランプが装備される。

《968A型》 1973-79年式の中期型フェーズII。ダミーグリルはアメ車風のオーナメントに変更され、外観はプリンツ4にさらに近づいた。2101型ジグリのフルフラットになるシートが流用され、自動車旅行がしやすくなった。

《968M型》 1979-94年式の後期型。フロントライト周りのデザインが変更されたほか、リアサイドの吸気口がスリットになった。機構部は968A型と大きくは変わらないが、キャブレターの違いによる出力の異なる3種類のエンジンが用意された。また、965A型譲りの0.9Lエンジンを搭載した仕様（968M-005型）も存在した。

特徴的だった丸型テールランプも、四角く無機質な大型ユニットに変更された。

968A/M型の運転席。樹脂製ダッシュボードや丸型メーターなど現代的なデザインになった。

《968MP型》 ZAZ工場内で使用されたピックアップ。リアエンジンなので使い勝手は悪そう。

《970G》 966型ベースのトラック。フラットベッド「970」、バン「970B」なども試作された。

ЗАЗ-1102

ZAZ-1102   **Таврия**

タヴリヤ

フィエスタに喧嘩を売るも不戦敗

«110207型» 標準モデルは、1988-90年式の前期型（1102型）、ヘッドレストやサイドウインカーが付いた1990-97年式の中期型（110206型）、大宇が手を入れた1998-07年式の後期型（110207型／タヴリヤ・ノヴァ）に分けられる。同世代のVAZと同様に、スタンダルト、ノルマ、リュクスのトリムレベルがあった。

車名	1102型
製造期間	1987-2007年
生産台数	612,525台
車両寸法	
- 全長	3,708mm
- 全幅	1,554mm
- 全高	1,410mm
- ホイールベース	2,320mm
- 車重	745kg
駆動方式	FF
エンジン	MeMZ-245
- 構成	水冷直列4気筒 SOHC
- 排気量	1,091cc
- 最高出力	51hp/5,400rpm
- 最大トルク	8.0kgm/3,500rpm
トランスミッション	フロア 5M/T
サスペンション (F/R)	ストラットコイル／トーションビームコイル
最高速度	148km/h
新車価格	5,100ルーブル

«110308-42型» 5ドアハッチバック「スラヴータ」。写真は1.3Lのインジェクション仕様。

- **開発の経緯**

1966 年にデビューした 2 代目ザポロージェツは、同世代の西側の大衆車を参考にした RR レイアウトが採用されていた。しかし、それ以降の大衆車の潮流は FF へと移行し、RR はもはや時代遅れとなっていった。1960 年代後半には、ZAZ の設計局の独自計画としてザポロージェツの後継となる FF 小型車の開発が始動し、1970 年代前半にかけて数種の試作車が製作された。1975 年には自動車産業大臣ポリャコフが ZAZ を視察して計画の説明を受け、ちょうど同系統の車種「E1101」を開発していた VAZ と共同開発を進めるよう指令を下した。

そんな折、フォードが 1976 年に 1L クラスの FF ハッチバック「フィエスタ」を発表して、欧州大衆車市場に殴り込みをかけてきた。NAMI がこれを輸入して解体したところ、その構造は思いのほか粗末だった。報告を受けた自動車産業省は「ソ連版フィエスタを作って大儲けしよう」と意気込み、ZAZ にフィエスタを参考とした新型車を設計するよう命じた。これまでの開発成果を無碍にされた ZAZ の設計局は困惑したが、政府の命令には逆らうことはできなかった。

- **デザインと機構の特徴**

新型モデル「1102 型」は、1981 年には概ね設計が完成した。しかしながら、VAZ に太いパイプを持つポリャコフの暗躍で、自動車産業省の予算の大半は VAZ スプートニクの製造ライン建設のために割かれてしまい、ZAZ の製造ライン建設は遅々として進まなかった。結局、1102 型の製造が始まったのは 1987 年 11 月になってからであった。

1102 型には、ウクライナ南部地域の古名に由来する「タヴリヤ」という商品名が与えられた。これはフィエスタの上位車種であった「トーラス」と同じ語源でもあり、フォードへの対抗心もあったのかもしれない。

ボディスタイルは、C ピラーを大きく傾斜させた 3 ドアハッチバックが採用された。シルエットはフィエスタにそっくりだが、このスタイルは当時の欧州車の流行でもあったので、一概にパクリとも言えない。車格は小さいながらも、スペアタイヤをエンジンルーム内に配置したり、ガソリンタンクをトランク下部に配置することで後部座席をホイールベース内に収めるなど、室内空間の確保には気を遣っている。

パワートレインは、1.1L 直列 4 気筒の水冷エンジンをフロントに横置きした前輪駆動で、空冷 RR だったザポロージェツとは完全に異なる構造となった。また、マクファーソンストラット式のフロントサスペンション、フロントディスクブレーキ、ラックアンドピニオン式のステアリングなど、同世代の大衆車と比較しても遜色ない現代的な装備を持っていた。

- **悪評とソ連崩壊後の進化**

タヴリヤは、968M 型ザポロージェツの約 1.3 倍となる 5,100 ルーブルで発売された。2108 型スプートニクの 6 割ほどの価格で手に入る最新車種として、国内市場では一定の需要があったが、先進的な設計と裏腹に信頼性は極端に低かった。ピラーに疲労亀裂が発生する、ライト類が頻繁に点かなくなる、ラジエーターファンが接触不良で動作せずオーバーヒートを起こす、ありとあらゆる液体が漏れだす等々、全ての個体で何らかの初期不良が発生する有様だった。当初予定していた西側市場で全く売れなかったことは言うまでもない。

ソ連崩壊後も ZAZ はタヴリヤの生産を続け、1994 年 3 月には 5 ドアエステートの「ダーナ（1105 型）」も追加された。しかし、市場競争の中でソ連体質の ZAZ が生き残るのは難しく、1998 年には韓国の大宇自動車に買収された。大宇の協力の下でタヴリヤの改修作業が行われ、1998 年 1 月には「タヴリヤ・ノヴァ」が発表された。また、1999 年 3 月にはセダン風の 5 ドアハッチバック「スラヴータ（1103 型）」が追加されている。

СМЗ-С-1Л
SMZ-S-1L

傷痍軍人に支給されたサイクロプス3輪車

«S-1L» 123ccエンジン搭載の前期型。元よりエンジンの過負荷で耐用年数が短かったうえ、後継モデルであるS-3Aの支給と交換に回収されたため、現存台数は非常に少ない。

車名	S-1L	S-3L
製造期間	1953-1956年	1956-1957年
生産台数	19,128台	17,053台
車両寸法		
- 全長	2,650mm	
- 全幅	1,388mm	
- 全高	1,330mm	
- ホイールベース	1,600mm	
- 車重	275kg	300kg
駆動方式	RR	
エンジン	ZiD-K125	Izh-49
- 構成	空冷単気筒2ストローク	空冷単気筒2ストローク
- 排気量	123cc	346cc
- 最高出力	4hp/4,500rpm	8hp/3,200rpm
- 最大トルク	1.9kgm/2,400rpm	1.9kgm/2,400rpm
トランスミッション	フロア3M/T	
サスペンション (F/R)	スプリンガーフォークコイル/スイングアクスルコイル	
最高速度	30km/h	60km/h
新車価格	無償支給	

«K-1V» S-1Lの前身となる3輪バイク。1949年には出力を1hp上げた「K-1G」になった。

・開発の経緯

　1945年、ソ連はナチスドイツとの戦争に勝利した。この輝かしい勝利は膨大な数の犠牲者の下で成し遂げられたものであり、生還した兵士のうち約250万人が傷痍軍人となった。政府は移動能力が大きく制限された彼らの生活を支える必要があったが、当時のソ連で提供できたのは、松葉杖や板状の粗末な車椅子だけだった。

　そこで1946年には、キエフバイク工場（KMZ）で製造が始まったモペット「K-1B」を3輪に改造してソファ型の座席を取り付けた「K-1V」が開発された。これは福祉車両を意味する「インヴァリートカ（Инвалидка）」と呼ばれて傷痍軍人に支給された。しかし、ベースが二輪車なだけに使い勝手は悪く、パワー不足で坂道に難儀する上、駆動輪が左後輪だけで直進安定性を欠き転倒する等の事故も頻発した。ベース車のK-1Bが独ヴァンダラーの生産設備を流用していたことも相まって、ユーザーからは「ヒトラーからの挨拶」などと陰口を叩かれる始末だった。このような不満は当初から想定内で、早くも1946年末には新型福祉車両の開発がセルプホフバイク工場（SMZ）で開始された。

・デザインと機構の特徴

　ソ連における福祉車両は、傷痍軍人に無償で支給されることを前提としていたため、徹底したコスト削減が求められた。そこでSMZが着目したのが、戦後の西ドイツやイギリスで流行していたマイクロカーだった。バイク用の小型エンジンを搭載して安価な製造と維持を可能にしつつ、バイクより安定性と居住性が勝るというコンセプトは、まさに福祉車両にうってつけだった。

　こうして、1953年5月には3輪マイクロカー「S-1L」の量産が開始された。当初より商品としての競争力というものを考慮していないことから、デザインはシンプルそのもので、業務用の大型掃除機のようなのっぺりした顔立ちとなっている。ヘッドライトも一つしかなく、「サイクロプス」と呼ばれていた。それでも、2人が乗車可能な空間が確保され、風雨をしのげる幌が装備されたことは、K-1Vに比べれば大きな進歩だった。

　両脚が不自由な人をユーザーとして想定していたことから、アクセルもブレーキも操舵も全て手元で行えるよう、ハンドルはバイクのような棒状のものが採用された。1957年以降は、特別仕様として、右手だけで操縦できるようにした「S-1L-O」、左手だけで操縦できるようにした「S-1L-OL」も製造されていた。

　S-1Lには、単気筒123ccエンジンがリアに搭載された。本来は車重80kgのバイク用のエンジンで、出力は4hpしか出なかったことから、車重275kgのS-1Lを満足に動かすには明らかにパワー不足だった。このため、直進安定性を欠く3輪にもかかわらず、「遅すぎて横転の心配がない」などと言われていた。そこで1957年には、8hpを発揮する346ccエンジンを搭載した改良版の「S-3L」が製造されることになったが、40km/hを超えるスピードが出るようになったことで、横転事故が多発した。

・羨望と不評

　日々の生活に難儀していた傷痍軍人にとって、無償支給されるS-1Lは待望の存在だった。SMZの工場は小規模だったため、250万人の納車待ちに対して供給量は圧倒的に少なかった。戦争でより功績を立てた者から順に支給されることになっており、早期に納車された者は羨望の的にもなっていた。

　ところが、移動の自由を得た幸福は、次第に不満へと変わっていった。車重に対してエンジンがあまりに貧弱で、相変わらず坂道には難儀し、未舗装路ではスタックし、オーバーヒートも頻発した。S-1Lはソ連の厳しい道路環境を走るにはあまりに性能が低く、抜本的な改良の必要は明らかだった。

CM3-C-3A
SMZ-S-3A

喜劇のアイコンとなった自動式車椅子

《S-3A》 1958-62 年式の前期型。ラックアンドピニオン式ステアリングと側面のガラス窓を備えたモデルを限定して「S-3AB」とする資料もある。また、片腕と片脚で操縦できるよう改造した仕様「S-3B」も存在した。標準耐用期間は 3 年で、無償で交換することができた。

車名	S-3A
製造期間	1958-1970 年
生産台数	203,291 台
車両寸法	
- 全長	2,625mm
- 全幅	1,316mm
- 全高	1,380mm
- ホイールベース	1,650mm
- 車重	425kg
駆動方式	RR
エンジン	Izh-49
- 構成	空冷単気筒 2 ストローク
- 排気量	346cc
- 最高出力	8hp/3,200rpm
- 最大トルク	1.9kgm/2,400rpm
トランスミッション	フロア 4M/T
サスペンション (F/R)	トレーリングアームトーションバー / スイングアクスルコイル
最高速度	40km/h
新車価格	無償支給

《S-3AM》 1962 年に導入された後期型。外見上の違いはほぼない。

- **開発の経緯**

　戦争で四肢に障害を負った傷痍軍人向けに設計されたマイクロカー「S-1L」は、彼らにとって貴重な移動手段であり「インヴァリートカ」と呼ばれて大いに歓迎された存在だった。しかし、無償支給品だったことから開発には様々な制約があり、極端なコストカット策による不評も出ていた。特に、3輪で横転の危険性があり悪路走破性も欠如していたこと、固定式の屋根がなかったこと、パワーが足りず使い勝手が悪いことが問題となっていた。

　そこで、1957年にはNAMIが普通の2ドアセダンを小さくしたような外見の「031」というプロトタイプを製作した。しかし、コスト面の制約から製品化は叶わず、結局S-1Lをベースにした改良型を後継モデルとすることになった。

- **デザインと機構の特徴**

　こうして、1958年には新型福祉車両「S-3A」がデビューした。リアにバイク用エンジンを搭載したマイクロカーというコンセプトは維持しつつ、四輪としたことで走行時の安定性は大きく向上した。ドアが固定式になり、狭い場所でも乗り降りがしやすいようにヒンジは後ろに付いている。もっとも、重量や製造コストの観点から、固定式の屋根の装備は実現しなかった。

　内装を見ると、ハンドルがバイク式の棒型のものから自動車式の丸型に変更された。両脚が不自由な人による使用を想定していたことから、ハンドル中央のペダルがアクセル、ハンドル裏のペダルがクラッチ、シフトノブ横の棒がブレーキとなっている。

　外装はS-1Lの大規模改良版のようだが、内部機構は大きく進化している。プロトタイプ「031」で培われた四輪独立懸架とラックアンドピニオン式ステアリングが採用され、安定性と操縦性に大きく貢献した。また、前輪にはVW風のトーションバー式サスペンションが採用された。

　外観や機構の進歩とは裏腹に、パワートレインにはS-3Lに搭載されていたバイク用の346cc単気筒エンジンが継続登用された。四輪化によってS-3Lより車重が150kgも増加していたことから、当然のごとくパワー不足や燃費の悪化に悩まされることになった。ギアを1段増やして4速にするなどの策が講じられたが、抜本的な過負荷の解消には至らず、92オクタンガソリンの使用を推奨することで誤魔化しを図っていた。当時のソ連では、乗用車の燃料は66～72オクタンが一般的で、92オクタンの入手は困難だった。

　1962年には、改良版の「S-3AM」がデビューした。ショックアブソーバーが摩擦式から油圧式に変更されたほか、より消音性能の高いマフラーが装備されたことが特徴だが、外見上の変化はない。

- **劇中車としての評判と現実**

　丸みを帯びたボディとつぶらなライトがもたらすS-3Aの愛嬌の良さは、ソ連の道路の風物詩でもあった。「ソ連の喜劇王」とも呼ばれるドタバタコメディの巨匠レオニード・ガイダイは、『作戦コード"ウィ"とシューリクのその他の冒険』の第三幕で間抜けな窃盗団の愛車としてS-3Aを登場させた。S-3Aは無償支給される福祉車両という性格上、家族を含む健常者による運転が禁止されていた。それにもかかわらず五体満足の大男がS-3Aを乗り回している姿は、ソ連人民の目にはとても滑稽に映ったようだ。以来、劇中車として国内外で一躍有名となり、大男役の俳優の名を取って「モルグノフカ」という愛称も付けられた。

　もっとも、現実にこの車を必要としていた人民にとっては実用性が最優先である。S-1Lに比べれば居住性は格段に向上したものの、車重増加に伴うパワー不足や過剰負荷による故障の頻発、悪路走破性の欠如、固定式の屋根がないこと等の不満は常に付きまとっていた。それでも傷痍軍人にとって貴重な移動手段であることに変わりはなく、後継車種S-3Dの登場まで12年に渡って製造が続いた。

人民の乗用車

СМЗ-С-3Д
SMZ-S-3D

障害者に移動の自由をもたらしたマイクロカー

«S-3D» ハードトップの装着やエンジンの強化など、ユーザー念願の装備が導入された。片手片脚で操縦できる派生車種「S-3E」も8,000台弱が製造された。27年間に渡って大きなアップデートもなく延々と製造されたが、生産終了とともに型式認定に関する法規も廃止され、ソ連マイクロカーの系譜はここで途絶えることになる。

車名	S-3D
製造期間	1970-1997年
生産台数	223,051台
車両寸法	
- 全長	2,595mm
- 全幅	1,380mm
- 全高	1,300mm
- ホイールベース	1,700mm
- 車重	454kg
駆動方式	RR
エンジン	Izh-P2
- 構成	空冷単気筒2ストローク
- 排気量	346cc
- 最高出力	12hp/4,200rpm
- 最大トルク	2.5kgm/4,400rpm
トランスミッション	フロア4M/T
サスペンション (F/R)	トレーリングアームトーションバー/スイングアクスルトーションバー
最高速度	80km/h
新車価格	無償/1,100ルーブル

1983年の改良でテールランプが大型化した。以前はUAZ-452の丸型ランプを流用していた。

• 開発の経緯

　傷痍軍人向けの福祉車両「イヴァリートカ」として無償支給されていた S-3A は、戦争で障害を負った人民にとっては貴重な移動手段だった。もっとも、固定式の屋根がないことは、寒冷地帯の多いソ連では冬期の利用に大きな支障があった。また、首都でさえ路面状況が劣悪であったことから、10 インチの小径タイヤや車高の低さ、そして何よりパワー不足が大きな不満となっていた。

　こうした声を受けて、SMZ では S-3A に固定屋根を装備した「S-4A」、2ドアセダン型のパネルを張り付けた「S-4B」や「NAMI-086」といったプロトタイプを製作したが、いずれもコスト面から製品化には至らなかった。また、S-3A は製造がほぼ全て手作業だったことから、製造コストがモスクヴィッチを上回る状況で、政府にとってもモデルチェンジは喫緊の課題だった。

• デザインと機構の特徴

　こうして、1970 年 7 月には新型福祉車両「S-3D」がデビューした。悲願だった固定式の屋根がようやく装備され、室内にガソリンヒーターも設置されて冬場でも快適に乗ることができるようになった。もっとも、排気漏れのせいで窓を開けないと中毒の危険があったようである。

　また、悪路走破性を高めるため、ボディが拡大されオフロードバギー風になった。もっとも、これに伴って車高が上がったため、脚の不自由な人々にとっては乗りにくいとの不満も出た。さらに、道路交通における安全意識の高まりを受け、S-3D にも四輪油圧ブレーキが搭載されたほか、フロントガラスの汚れを掃除できるようウォッシャーノズルも追加された。

　ボディの改良や装備の充実によって車重が増加したことから、その対応策として S-3D のボディパネルは非常に薄いものが採用された。さらに構造が単純な直線的デザインとすることで、プレス機での成型を可能にし、製造コストの節減にも一役買っている。サスペンションも前後ともトーションバー式となった。また、ステアリングとサスペンションが一体化したパーツが設計され、これも製造ラインの簡易化に貢献した。

　パワー不足を解消すべく、パワートレインには Izh プラネータ 2 に搭載されていたバイク用の 346cc 単気筒エンジンが採用された。パワーもトルクも向上したが、車重 500kg を動かすにはやはり物足りず、加速の遅い S-3D はしばしば普通車のドライバーから邪険にされていた。

• 一般販売とソ連崩壊後の生産

　S-3D は、これまでの SMZ 製のマイクロカーと同じく福祉車両という位置付けだったため、傷痍軍人等には無償支給された。このモデルからは、傷痍軍人ではない一般の障害者にも販売されるようになり、公式には 1,100 ルーブルという値段が付けられていた。ただし、実際には社会福祉の一環として 8 割引きで買うことができた。

運転席の設計は S-3A を踏襲しており、ハンドル上のペダルとフロアレバーで全ての操縦が可能。

　この車は決して快適なドライブができるような代物ではなかったし、エンジンへの過負荷のために 5 年毎に新品と交換する必要があるなど、政府にとっても経済的ではなかった。しかし、福祉車両でありかつ破格の値段で購入できたことから一定の需要はあり、後継となる「オカ」の製造が始まり、さらにソ連が崩壊して以降も 1997 年まで S-3D の製造販売は続けられた。

BA3-1111

VAZ-1111

Ока

オカ

走る棺桶と呼ばれたソビエト軽自動車

«1111型» VAZ、SMZ（SeAZ）、KamAZ製の違いはグリルのエンブレムで判別が可能。当初のエンジンは650ccだったが、1996年からは750ccに拡大され（11113型）、2006年からは中国第一汽車製の1.0Lエンジン搭載となった（11116型）。1992年には電動のオカ・エレクトロ（1111E型）も20台限定で製造された。

車名	1111型
製造期間	1988-2008年
生産台数	約292,445台
車両寸法	
- 全長	3,200mm
- 全幅	1,420mm
- 全高	1,400mm
- ホイールベース	2,180mm
- 車重	645kg
駆動方式	FF
エンジン	VAZ-1111
- 構成	水冷直列2気筒 SOHC
- 排気量	649cc
- 最高出力	30hp/5,600rpm
- 最大トルク	4.5kgm/3,400rpm
トランスミッション	フロア 4M/T
サスペンション (F/R)	ストラットコイル / トーションビームコイル
最高速度	120km/h
新車価格	3,500 ルーブル

見てくれはまさにソ連版軽自動車。日本で走っていても違和感はないだろう。

- **開発の経緯**

　脚が不自由な人民向けの移動手段として、ソ連は S-3A や S-3D といったマイクロカーを提供してきた。しかし、マイクロカーは、室内が狭くて使い勝手が悪く、バイク用のエンジンを搭載しているためパワー不足という問題も常に付きまとっていた。無償又は格安で手に入る福祉車両という性質を加味しても、これらの欠点は大きな不満要因であり、マイクロカーではない「小型の自動車」の開発が待ち望まれていた。

　SMZ には独力で新型車両を開発できるだけのリソースはなかったため、当初の開発は NAMI との共同で進められた。試作車「0231」にポルスキフィアット 126p のエンジンを輸入して搭載することが計画されたが、ポーランドの国内情勢悪化を受けて頓挫した。そこで、自動車産業省は強大なリソースを持つ VAZ に開発を移管することにした。

　かくして VAZ に出向することになった NAMI と SMZ の設計担当者は、日本の軽自動車に目を付けた。小さな車体ながらもスペースを最大限に有効活用し、かつ安価に製造可能というコンセプトはまさに求められていた姿そのものだった。ダイハツのクオーレ（ミラ）が参考資料としてソ連に持ち込まれた。日本のメーカーから正式にライセンスを得る案もあったようだが、既存車種とパーツを共有することでコストを抑えることが優先されたため、開発はあくまでもソ連独自で進められた。

- **デザインと機構の特徴**

　こうして、1988 年 7 月に新型車両「1111 型」の量産が VAZ で開始された。翌年には SMZ と KamAZ でも製造が始まった。SMZ の工場があるセルプホフの町の横を流れるオカ川に由来する「オカ」という商品名も付けられた。KamAZ の担当者は「カマ」と名付けたかったようだが、自動車産業省からは無視された。

　オカは 3 ドアハッチバックが標準仕様となった。外見はまさに日本の軽自動車で、デザインも寸法もクオーレとよく似通っている。設計担当者はオリジナリティを追求したかったようだが、クオーレの設計があまりに完璧で改善しようがなかったという。車重は 645kg で、当時の軽自動車より 100kg 近く重いが、4 人乗りで荷物も積めるキャパシティを備えながらこの重量に抑えたことはソ連では非常に画期的だった。

　パワートレインには、650cc の 2 気筒エンジンが採用されたが、これはスプートニクに搭載されていた 4 気筒エンジンを半分にカットしたものである。強大なパワーを生むエンジンではなかったものの、車重の軽さからそれなりにキビキビ走り、S-3D に比べれば雲泥の差だった。

- **一般人民への流通**

　オカ以前に SMZ が製造してきたマイクロカーは、いずれも傷痍軍人向けに専用設計されたもので、標準仕様として手で全ての操縦を行うようになっていた。しかし、オカの標準仕様は通常の自動車と同じくフットペダル式で、SMZ で製造される一部の仕様のみ手で操縦できるよう改造が施されていた。これは、政府資金頼みの福祉車両だけでは採算が取れないという判断から、一般人民にも販売できる車両とすることで持続可能性を図る意図があったと考えられる。

　オカは、2,400 ルーブルというザポロージェツより安い価格で販売されることになり、最新車種かつ使い勝手も良いとの評判で瞬く間に人気車種となった。衝突安全性の低さから「走る棺桶」などと嘲笑されることもあったが、1998 年のロシア財政危機以降は安価な移動手段の需要が一気に高まった。VAZ は採算の問題で 2 万台弱の生産で撤退したが、SMZ（1995 年以降は SeAZ）では約 8 万台が、KamAZ では約 19 万台がそれぞれ生産され、ピックアップ仕様やフルゴネット仕様も追加されるなど、人民の生活に根差した存在となっていった。

★コラム　ソ連の福祉車両

・有償の福祉車両

　ソ連で作られた身体障害者向けの自動車として、本編ではSMZ製のサイクルカーとオカを紹介した。これらはいずれも傷痍軍人への無償支給を前提としたもので、納期も非常に長かった。しかし、傷痍軍人の中には年金以外の収入を得ている者も当然存在し、モスクヴィッチなどの普通車を障害者向けに改造した仕様を購入したいという要望が出るようになった。

・モスクヴィッチの特別仕様車

　そのような声に応え、MZMAは1949年にモスクヴィッチの特別仕様として「400-420B」を発表した。アクセルペダルをハンドル裏に、ブレーキペダルを右手のレバーに、クラッチペダルを左手のレバーにそれぞれ置き換え、手だけで運転できるようになっていた。もっともこれは試作車に近く、1954年以降マイナーチェンジ版の「401-420B」が年間20～40台程度製造されただけだった。

«MZMA-400-420B型» 初代モスクヴィッチの手動操作仕様。ハイビームボタンはなぜか足踏み。

　1956年のフルモデルチェンジに伴って、手動操作仕様である「402B」が正式にラインナップに追加された。基本的な操作方法は前モデルを踏襲しているが、ブレーキとクラッチは通常のフットペダルに取り付けるアタッチメント型のレバーに変更され、家族などの健常者でも操作しやすいよう工夫された。これ以降のモスクヴィッチでも同様の仕様が設定され、407B、403B、408B、21403がこれに該当する。

　こうした特殊仕様車は、通常の自動車に比べて手元の操作が忙しくなることから、1961年に施行された運転規則では、初心者マークに手動（ручной）を表す「Р」を書いた標章を設置することが義務付けられた。

・ザポロージェツの特別仕様車

　モスクヴィッチの特別仕様車の製造枠は少なく、入手は困難だった。1955年には、業を煮やしたハリコフ傷痍軍人会が共産党中央委員会に専用車両の製造を求める書簡を送り、これに応えて「GAZ-18」が開発された。だが、GAZの製造ラインに余裕がなかったため、同時期に小型車の製造が決まったZAZがこの需要に対応することになった。

«GAZ-18» 手動操作専用小型車の試作品。GAZ-20を半分にした2気筒エンジンを搭載する。

　ZAZ-965型ザポロージェツがデビューして2年後の1962年には、手動操作が可能な特別仕様車として「965B」がラインナップに追加された。また、1966年には、片腕が使えない人向けの電磁クラッチ搭載モデル「965AR」も追加された。これらの仕様は、全体の生産量の約20%を占めていた。

　これ以降のザポロージェツは、欠損部位ごとに仕様を変更したモデルを用意するようになった。脚は使えないが両腕は使える人向けの「968B/968AB/968MB」、片脚と両腕が使える人向けにクラッチだけレバーにした「968B2/968AB2/968MD」、片脚と片腕が使える人向けにシフト操作を電磁クラッチ式にした「968R/968MR」がラインナップにあった。

«ZAZ-968MB» ザポロージェツの手動仕様。ハンドルのパドルがアクセル、右のレバーがブレーキ。

第 2 章
特権階級の乗用車

АВТОМОБИЛИ ЛЕГКОВЫЕ
ДЛЯ НОМЕНКЛАТУРЫ

ソ連は階級のない人民の国とされていたが、実際は政治的エリート層、いわゆるノーメンクラトゥーラという特権階級が存在した。彼らには、人民には購入が許されない高級車が支給された。官僚の移動手段から、国家の威信を示すリムジンまで様々な車種があった。

ГАЗ-А
GAZ-A

ソ連初の量産乗用車はアメリカ生まれ

«A» フォードのモデル A と基本仕様は同じだが、フォードの特徴だったハート形グリルは受け継がれなかった。ライセンスを骨の髄までしゃぶり尽くすべく、後述のモデルのほか、6輪仕様「AAAA」、LWB の兵器輸送車「TK」、軽装甲車「D-8」「FAI」など様々な派生車種が作られた。

車名	A
製造期間	1932-1936 年
生産台数	41,917 台
車両寸法	
- 全長	3,790mm
- 全幅	1,710mm
- 全高	1,788mm
- ホイールベース	2,630mm
- 車重	1,080kg
駆動方式	FR
エンジン	GAZ-A
- 構成	水冷直列 4 気筒 SV
- 排気量	3,285cc
- 最高出力	40hp/2,200rpm
- 最大トルク	15.5kgm/?rpm
トランスミッション	フロア 3M/T
サスペンション (F/R)	横置きリーフ / 横置きリーフ
最高速度	90km/h
新車価格	非売品

フェートンはソ連の厳しい気候には不向きで、特にタクシー業界からはクローズドボディ化が強く要求された。

• 開発の経緯

　1924年1月、レーニンの死去によってスターリンがソ連の最高指導者の地位に就くと、農業国だったソ連を工業国へと転換させる政策が推し進められた。帝政時代に自動車産業が根付かなかったロシアでも国産自動車の量産を目指し、NAMIを中心として研究が進められた。

　1927年には「NAMI-1」と呼ばれる試作車が完成した。チェコスロバキアのタトラ11に着想を得た空冷2気筒エンジンを搭載し、2ドアのフェートンボディが架装された。設計上は求められる水準をクリアしており、政府は年間15万台の生産計画を立てていたのだが、自動車の量産というのはそう簡単な話ではない。無理矢理に量産体制を敷いたものの、当時のソ連の技術では部品の品質と組立の精度が不安定で故障が頻発し、加えて製造コストも同車格の外車に比べて4倍もかかる事が判明した。3年間で369台を製造したが、とても実用に耐える代物ではなかった。

• デザインと機構の特徴

　独力で自動車を量産することに限界を見たソ連政府は、外国企業からライセンスを受けて技術力向上を図ることにした。1929年5月、ソ連政府はフォードと自動車の設計、製造設備の設計、技術者の教育訓練等のライセンスを9年間の期間で受ける契約を締結した。最初の3年間はフォードブランドで「モデルA」の製造が行われることになり、ニジニノヴゴロド自動車工場（NNAZ）、ハリコフ自動車組立工場（KhASZ）、KIM記念モスクワ自動車組立工場（KIM）という3つの工場が設立された。

　1932年10月には、町名変更に伴ってNNAZがゴーリキー自動車工場（GAZ）と改称されたのと同時に、全パーツを国産化してフォードブランドからGAZブランドへの切り替えが行われた。車名も「GAZ-A」となり、ソ連国内で全てが完結する量産車がようやく確立されたことになる。

　フォードからライセンスを受けていたのは、モデルAの中でも「35B」と呼ばれる4ドアフェートンだった。GAZブランドでも基本的な仕様はほとんど変わらないが、フォードの特徴だったハート形グリルは四角形に改められた。パワートレインも、フォードが開発した4気筒のSVエンジンをそのまま使用しており、GAZの独自要素はほとんどない。

　1933年夏には、モスクワからクラスノヴォツク（現トルクメンバシ）までの9,000kmを越える耐久ラリーが開催された。大半が未舗装路と砂漠地帯という厳しい行程だったが、参加した全台が完走を遂げ、GAZ-Aの耐久性の高さが実証された。

• 供給体制と評判

　かくしてソ連初の量産乗用車となったAは、年間約16,000台のペースで製造された。政府機関や赤軍、タクシー会社への納入がほとんどで一般販売はされなかったが、顕著な功績を立てた者への褒章や宝くじの当選などで人民の個人所有となることも稀にあった。

　あらゆる場面で使用されるようになったAだが、ボディタイプがフェートンしかなく簡易的な幌でしか雨風をしのげないことは、豪雪地帯の多いソ連では常に悩みの種だった。また、ソ連の路面状況はアメリカよりも悪く、都市部でもアスファルト敷でない道路が多かったことから、乗り心地が悪い上に振動でパーツが壊れるといった苦情も頻繁に寄せられていた。

　アメリカ本国では1932年の時点で既にモデルAの製造が終了し、次期モデルに移行していたことから、旧型の車種を製造し続けていることはソ連のコンプレックスでもあった。1936年3月に後継車種「M1」の製造が始まると、翌年には「共産主義都市の景観維持」という名目で、モスクワとレニングラードではAの走行禁止令が出されて強制的にM1と交換された。なお、個人所有の場合はM1との価格差は所有者持ちで、違反して所有していると拘束の上に罰金が科されたという。

特権階級の乗用車

«NAMI-1» 1927-30年に少数が製造された、真のソ連初の乗用車。チェコスロバキアのタトラを参考にしたが、品質は劣悪で実用に耐える代物ではなく、現存はごくわずか。

«4» Aベースのピックアップ。1933年に追加され、軍や集団農場に納入された。

«6» クローズドボディ仕様。1934年に60台程度が作られたが、製造コストから量産に至らなかった。

«救急車» 大抵はトラックのAAをベースにしていたため、Aをベースとしたものはレア。

«アエロ» 1934年に空力の実験用に製造された。アルミ製の流線形ボディが美しい。

★コラム　ソ連のモータースポーツ①
〜黎明期とフォーミュラカー〜

・戦前のモータースポーツ事情

　ソ連建国から20年近く、モータースポーツは、人民の共有財産である自動車の無駄な消費とみなされ、忌避されていた。その一方、欧州諸国では様々なメーカーがモータースポーツによって技術を磨いていた。この状況に危機感を抱いた A. リャピデフスキーは、パイロットや技術者の養成に資すると政府を説得し、ついに1937年9月にソ連初となる公式レースの開催が決定された。当時のソ連にはサーキットがなく、キエフからジトーミルに至る道路を封鎖して、最高速度や 0-1000m 加速などが競われた。参加した自動車は GAZ-A を改造した4台だけだったが、初めて目にするモータースポーツにソ連人民は沸き立った。

・ソ連のフォーミュラカー

　戦後のレースは、1949年に本格的に再開された。各地の愛好家だけでなく、国営工場もレーシングカーを製作して参戦した。1955年にはミンスクにソ連初となるサーキットが完成し、ようやく欧米に近い形式でのレースが実現した。

　1956年にはソ連が国際自動車連盟（FIA）に加盟し、1960年からは国際規格に則って F1、F3、FJ の枠組みが設定された。ところが、種類の乏しいソ連製エンジンに規格を合わせた結果、年を追うごとにソ連の独自規格となっていった。西側メーカーを交えたレースはなく、国際試合といえば東欧共産圏の友好国との間で開催される FJ グランプリだけだった。

　こうした状況を受け、1977年には枠組みの再編が行われた。F3 だった 1,200cc クラスは「フォーミュラ・ヴォストーク」、F4 だった 350cc クラスは「フォーミュラ・マラジョージナヤ」に改称され、新設された 2,000cc クラスの「フォーミュラ3」のみが国際規格となった。主にタリン自動車修理試験工場（TARK）が製造する「エストニア」シリーズが使用され、国際レース以外は事実上ワンメイクレースだった。

《112S》　1962年に ZiL が F1 枠で製作した車両。重すぎてサーキットでは不利だった。

《モスクヴィッチ G5》　MZMA 製の F1 マシン。DOHC 化した 412-2V エンジンを搭載する。

《エストニア 9》　1966年の TARK 製 F3 マシン。東ドイツのヴァルトブルク 312 エンジンを搭載する。

《GAZ-A スポルト》　1937年の出走車両。葉巻型ボディが架装され、テールフィンなど独創性も光る。

《エストニア 21M》　VAZ-21011 エンジン搭載の FV マシン。ソ連初のグラウンドエフェクトカー。

ГАЗ-М1
GAZ-M1

ライセンスを骨までしゃぶりつくしたセダン

《M1》 1936-40年式の直4エンジンを搭載する前期型。一般販売はされなかったが、戦後にM20型ポベーダが公用車やタクシーの役割を引き継いだ後は、民間に払い下げられる例も多かった。戦時下では、LPG仕様「M45」や木炭車「M1G」も作られた。

車名	M1	11-73
製造期間	1936-1943年	1940-1946年
生産台数	61,736台	1,152台
車両寸法		
- 全長	4,625mm	
- 全幅	1,770mm	
- 全高	1,780mm	
- ホイールベース	2,845mm	
- 車重	1,730kg	
駆動方式	FR	
エンジン	GAZ-M	GAZ-11
- 構成	水冷直列4気筒 SV	水冷直列6気筒 SV
- 排気量	3,285cc	3,485cc
- 最高出力	50hp/2,800rpm	76hp/3,400rpm
- 最大トルク	17.0kgm/1,300rpm	21.5kgm/2,000rpm
トランスミッション	フロア 3M/T	
サスペンション (F/R)	リジッド縦置きリーフ/リジッド縦置きリーフ	
最高速度	105km/h	110km/h
新車価格	非売品	

フロントグリルとフェンダー以外の外装パーツは、1934年式フォードとほぼ共通だった。

・開発の経緯

　1932 年、GAZ はフォードのモデル A のライセンス生産によってソ連初の乗用車「A」の量産に成功した。しかし、自動車のデザインが本国アメリカで進化していく中で、いかにもクラシックカー然としたAの生産を続けることに、ソ連政府はコンプレックスを抱いていた。また、A はフェートンボディのみの設定であったことから、気候の厳しいソ連ではクローズドボディを備えた新型車が待ち望まれていた。

　フォードとの技術協力に関する 9 年間の契約に基づいて、ソ連政府は新型車種のライセンスの提供を求めた。かくして 1932 年式の「モデル B」の図面が提供されたが、アメリカとソ連では路面状況を始めとした環境が異なっていたことから、独自の修正を施す必要があった。修正作業は長引き、新型車種の量産が始まったのは 1936 年 3 月のことだった。

・デザインと機構の特徴

　待望の新型車種は、スターリンの側近だったモロトフを記念し、頭文字のMを取って「M1」と名付けられた。エンブレムにもMの字があしらわれたことから、人民からは「エムカ」という愛称でも呼ばれた。

　アメリカのコーチビルダーであるバッド社の技術協力の下、M1 は念願のクローズドボディを手に入れて 4 ドアセダンとなった。ボディデザインは、基本的に本家フォードの最新車種だった「モデル 40」に準じるが、フロントグリルは中央で分割されるなど独自要素もある。

　本家モデル B では、新型の V8 エンジン搭載モデルが主力だったが、ソ連ではそこまでの性能は求められておらず、M1 には A に搭載されていたものを改良した直 4 の SV エンジンが搭載された。ただし、秘密警察 NKVD に納入された車両の一部には、フォード製の V8 エンジンが搭載されたモデルもあった。

　ソ連の劣悪な路面状況でも安定した走行ができるよう、車体各部にもソ連オリジナルの改良が施された。モデル B の前輪サスペンションは横置きリーフスプリングだったが、M1 は強度に優れる縦置きに変更され、足回りを飛び石から保護するためにフェンダーの裾も拡張されている。シャシーも X 型メンバーで補強された。エンジンマウントにはゴム製のクッションが装備され、振動からフレームを保護している。

・6 気筒エンジンの改良版

　M1 の固定式屋根の評価は高かったが、それに伴って重量が増加したことで、直 4 エンジンのパワー不足が露呈した。フォードが他に提供できるライセンスは V8 エンジンのみだったが、これはオーバースペックで製造コストも高く、ソ連が求めるものではなかった。

　そこで GAZ は、クライスラーと 3.6L の直列 6 気筒エンジン「ダッジ D5」のライセンス契約を締結した。ところが、なぜかクライスラーから提供された図面は一部が欠落しており、GAZ は独自開発による補填を余儀なくされた。同時にパーツのメートル法への変換も行われ、結果的に排気量は 3.5L に減少した。実質コピー品となったこのエンジンは「GAZ-11」と命名された。かかる開発経緯から、このエンジンの設計図は NKVD がクライスラーから盗んだものであるとも囁かれている。

　GAZ-11 を搭載した M1 の改良型「11-73」の製造は、1940 年末に始まった。デザイン上は、フロントグリルの形状が丸く膨らんだものに変更されたが、それ以外は M1 と違いはない。翌年に独ソ戦が勃発したことから、GAZ-11 エンジンの多くは軍用車に優先的に回されることになった。11-73 は製造中止にこそならなかったものの、上級将校用の指揮車両として多くが前線に送られた。M1 と 11-73 は、いずれも官公庁や軍への納入が主で、一般販売はされていなかった。ただし、功績を立てた人民に褒章として与えられたり、A を持っていた人民が強制的に M1 に交換されて個人所有となる例はあった。

M1の運転席。この年式の車にはありがちだが、ボディサイズの割に室内は狭い。

«M40» スターリンの希望で製造されたM1のフェートン仕様。実用性は乏しくパレードに使われた。

«M415» 1939年に導入されたM1のピックアップ仕様。荷台には500kgの積載が可能となっている。集団農場向けに約8,000台が製造されたが、多くは独ソ戦で徴発されて前線送りとなった。

«M21» M1を3軸化したピックアップ仕様。AAAの後継を見込んだが量産はされなかった。

«M25» M21のシャシーにノッチバックボディを架装した謎の仕様。もちろん試作段階でお蔵入りに。

«11-73» 1940-46年式の直6エンジンを搭載する後期型。外観ではフロントグリルとボンネットのスリット形状が変わった。フェートン仕様「11-40」やピックアップ仕様「11-415」も試作されたが、戦争の影響で量産はされなかった。全輪駆動仕様「61-73」はオフロードカーの章で詳述する。

«M2» V8エンジン搭載の2ドアクーペ。試作車止まりで量産には至らず。

«GL-1» 速度記録車。最高出力100hp、最高速度161.9km/hと桁違いのスペックだった。

«NATI-VM» 後輪をキャタピラにしたハーフトラック。61-73に道を譲ってお蔵入りとなった。

«BA-20» M1ベースの軽装甲車。装備は貧弱だったが、大戦末期まで補給を支え続けた。

特権階級の乗用車

ГАЗ-M20
GAZ-M20
Победа

ポベーダ

ソ連初のオリジナル設計の乗用車

《M20B型》 1948-55年式の前期型。8本ヒゲのフロントグリルが特徴となっている。流線形のファストバックボディは空力性能にも優れ、Cd値は0.34という好成績だった。ポーランドのFSOでも「ワルシャワ」という名前で現地生産が行われた。

車名	M20型
製造期間	1946-1958年
生産台数	241,797台
車両寸法	
- 全長	4,665mm
- 全幅	1,695mm
- 全高	1,640mm
- ホイールベース	2,700mm
- 車重	1,460kg
駆動方式	FR
エンジン	GAZ-20
- 構成	水冷直列4気筒SV
- 排気量	2,112cc
- 最高出力	50hp/3,600rpm
- 最大トルク	12.7kgm/2,200rpm
トランスミッション	フロア3M/T／コラム3M/T
サスペンション (F/R)	ダブルウィッシュボーンコイル/リジッド縦置きリーフ
最高速度	105km/h
新車価格	16,000ルーブル

丸みを帯びたボディのおかげで荷室も広く、スペアタイアを載せてもまだ旅行カバン数個分の余裕があった。

• 開発の経緯

スターリンが主導するソ連の工業化の一環として、GAZ は 1932 年に A、1936 年に M1 という乗用車の量産に成功した。もっとも、これらはいずれもフォードのライセンス生産であり、ソ連オリジナル車両の開発は悲願となっていた。1938 年には、一から自国で作る「真のソ連製乗用車」の開発計画が始動した。欧米の流行を取り入れるべく、箱型ボディから流線形ボディへの移行が模索され、チェコスロバキアのタトラやシュコダなどが参考資料として輸入された。

この開発計画は、1941 年の独ソ戦勃発で一時中断を余儀なくされた。しかし、戦地で鹵獲されたオペルのカピテーンが GAZ に持ち込まれたことで状況は一変した。流線形のファストバックボディ、フェンダーとボディの一体化、アメ車風の膨らんだボンネット、それでいてアメ車より小柄など、まさに求めていた姿だった。新型車のデザインはカピテーンをモデルとすることが決まり、水面下で開発が進められた。

• デザインと機構の特徴

新型車「M20 型」の基本設計は、1944 年に完成した。戦争が終結した翌年には正式な生産命令が下り、1946 年 6 月には量産 1 号車がラインオフした。ロシア語で勝利を意味する「ポベーダ」という商品名も付けられ、戦勝を記念した国威発揚にも余念がない。型式と別に商品名が付けられたのは、一般人民にも販売されるようになったからである。もっとも、その価格はモスクヴィッチの約 1.8 倍となる 16,000 ルーブルからで、多くの労働者人民にとっては高嶺の花だった。

ボディはカピテーン譲りの 4 ドアファストバックセダンで、同世代のシボレーやフォードともよく似ている。ソ連車としては初めて、フェンダーをボディに一体化させたポンツーンと呼ばれるデザインが採用された。また、車体構造は伝統的なラダーフレームを脱却し、ミドルクラスの乗用車で流行を見せていたモノコックとなった。なお、内装デザインはシボレーのパクリとなっている。

パワートレインには、当初は先代 11-73 に搭載された直列 6 気筒 3.5L エンジンを使用する予定だった。しかし、ガソリン消費量が多く不経済であるとの批判を受け、2 気筒短縮して直列 4 気筒に改造した 2.1L エンジンが搭載されることになった。

• 初期不良と改良の変遷

設計完成からわずか 2 年での製造開始は、ソ連車としては異例のスピードである。これは、第三次五か年計画が始動する 1946 年に間に合わせるよう国家国防委員会からの政治的圧力が働いたためであるが、テストも不十分な中で無理に製造を早めた皺寄せは、当然のように初期不良となって具現化した。生産技術や設備が確立できていなかったことから、手作業でプレスされたボディは質が悪く、継ぎ目や凹みがボディ全体に出現していた。加えてハンドルが走行中に振動したり、ギア比の設定がおかしくパワーが出ないといった、明らかに試験不足に起因する不具合も次々と報告されるようになった。1948 年 9 月には工場が操業停止となり、GAZ の工場長だったロスクトフは解任されて UAZ に左遷された。

閣僚評議会は 2 か月以内に欠陥を修正するよう GAZ に指示を出し、大急ぎで工場設備の改修が行われた。300 に及ぶ金型が作り直しとなったほか、設計自体も大幅に見直され、11 月には「M20B 型」となって製造が再開された。新設計の排気系統やギアなどが搭載されたほか、軍帽を脱がないと乗車できないという軍からの苦情に応えて着座位置が下げられ、車内ヒーターも標準装備されるようになった。

1955 年 2 月には、改良型「M20V 型」がデビューした。内外装のデザインが変更されたほか、2,3 速にシンクロが装備され、ラジオの標準装備化、騒音低減策なども施された。M20V 型は、後継となるヴォルガのデビュー後も、1958 年 5 月まで生産が継続された。

«M20型» 不具合だらけだった1946-48年式の初期型。グリル最下部が長いことで識別可能。

M20B型の運転席。当初はフロアシフトだったが、1950年式以降はコラムシフトに変更された。

«M20B-31型» 1949年に導入されたカブリオリムジーネ。鉄材需要の緩和のために設定されたモデルで、製造コストは高かったがセダンより500ルーブル引きで販売された。もっとも、気候の厳しいソ連では受けが悪く、鉄材供給の安定に伴って1953年にカタログ落ちした。

«M20A型» タクシー仕様。シート素材やメーターの装備、チェック模様などが異なる。

«フェートン» パレード用に特注で生産された。モノコックなので車体が歪んでいる。

《M20V型》 1955-58年式の後期型。グリルがZiM風の太い3本のものに変更された。ラジオが標準装備となり、屋根にアンテナが付く。ZiMの直6エンジンを搭載したKGB仕様「M20G型」もあった。全輪駆動仕様「M72」については、p.160を参照。

《セーヴェル2》 そりと軽飛行機用のプロペラを装備したスノーモービル。豪雪地帯の輸送に使用された。

《スポルト》 ジュラルミン製の流線形ボディを架装した速度記録車。164km/hをマークした。

《トルペード》 速度記録車第2弾。魚雷型ボディが特徴で、最高速度は190km/hに達した。

《ポベーダ NAMI》 リア部分をノッチバックにした試作車。ヴォルガの登場でお蔵入りに。

特権階級の乗用車

ГАЗ-M21

GAZ-M21

Волга

ヴォルガ　初代

ソビエト高級車の新たなビッグネーム

《M21G/M21V型》 1956-59年式の前期型セダン。フロントグリルの星型オーナメントは、ジューコフ元帥の発案と言われる。派生車種として、AT仕様「M21型」、OHVエンジンのタクシー仕様「M21A型」、SVエンジンのタクシー仕様「M21B型」、MTの輸出仕様「M21D型」、ATの輸出仕様「M21E型」などがあった。

車名	M21型
製造期間	1956-1970年
生産台数	639,478台
車両寸法	
- 全長	4,810mm
- 全幅	1,800mm
- 全高	1,610mm
- ホイールベース	2,700mm
- 車重	1,450kg
駆動方式	FR
エンジン	ZMZ-21
構成	水冷直列4気筒 OHV
排気量	2,445cc
- 最高出力	70hp/4,000rpm
- 最大トルク	17.0kgm/2,200rpm
トランスミッション	コラム3M/T ／コラム3A/T
サスペンション (F/R)	ダブルウィッシュボーンコイル / リジッド縦置きリーフ
最高速度	130km/h
新車価格	17,400ルーブル

役人向けの公用車のほかタクシーや警察車両としても使用され、日本におけるクラウンの立ち位置に近かった。

- **開発の経緯**

　1946 年、GAZ は念願のソ連オリジナルの乗用車となるポベーダの量産に成功した。ここで採用されたポンツーンボディとモノコックを組み合わせた車体構造は、ソ連車としては画期的だった。ところが、1950 年代になると、ボディの起伏をより減らしたスレンダーなスタイルが主流となり、アメリカではテールフィンやクローム装飾の付いた豪華な乗用車も流行するようになった。ポベーダのずんぐりとした 1940 年代風のデザインが古いことは、誰の目にも明らかだった。

　自国生産車両の海外輸出を目指すソ連政府は、1952 年に市場の流行に合わせるようモデルチェンジを GAZ に命じた。設計局は、ファストバックセダンとノッチバックセダンという 2 つの案を提示し、様々な検討の結果、後者の案が採用されることになった。

- **デザインと機構の特徴**

　こうして新型車「M21 型」が 1956 年 10 月にラインオフした。当初は「ロディナ」という商品名になる予定だったが、「ロディナ（祖国）を売るのはマズいのでは」との懸念が示されたことからボツになり、代わりにゴーリキーの町を流れるロシアの母なる大河の名をとって「ヴォルガ」となった。

　ボディスタイルは試作車通りのポンツーンの 4 ドアノッチバックで、同世代のフォードやシボレーとよく似ている。単なるパクリというよりは、世界的な流行を取り入れたものと評価できるだろう。また、ボンネットやサイドステップにクローム加工されたモールが取り付けられたり、ツートンカラーがオプションで用意されたりなど、西側の自動車に見た目で負けないような装飾が施されている。

　1956 年 10 月に導入された初期型には、新型エンジンの量産が間に合わず、ポベーダの SV エンジンのシリンダー径を大きくした改良版が搭載された（M21G 型）。1957 年 7 月にようやくこれを OHV 化した新型エンジンが搭載されるようになり（M21V 型）、同時にソ連車初となる 3 速 AT 仕様も追加された(M21 型)。この AT 仕様がヴォルガの主力モデルとなる予定だったが、故障が多く、評判の悪さから 2 年間で生産は打ち切られた。

　1958 年 1 月には、フロントグリルのデザインが変更されて中期型となった（M21I 型）。機構面の変化は特にないが、輸出市場の法規制に合わせてテールライトに反射板が装備された。

　1962 年 5 月には、再びデザインが変更されて後期型となった（M21L 型）。新設計のピストンで 75hp に出力が上がったほか、ショックアブソーバーがロータリー式からピストン式に変更された。1964 年 8 月にはシートなどを新デザインにした改良型がデビューした（21R 型）。このモデル以降は型式に「M」が付かないが、これはモロトフ失脚の余波である。

- **品質担保と国内外の評判**

　ヴォルガは、ポベーダと同じく一般人民でも金さえ払えば手に入れることができた。もっとも、1957 年時点の価格は 17,400 ルーブル、1961 年のデノミ後は 5,600 ルーブルと高価で、多くの人民にとってはヴォルガの所有は夢のまた夢だった。

　ポベーダの製造中止事件の反省から、徹底的な試験に加え、本格的な量産に入る前にタクシー会社に車両を供与することで、発売前に初期不良を発見するという手法が採用された。これによって品質はある程度安定し、国内での評価は高かった。

　1958 年のブリュッセル万博で大賞を獲得したのを皮切りに、西側市場へも積極的に輸出が行われた。メッキ装飾を増やした西側向けの仕様には、国内向けより強力な 80hp エンジンも搭載されたほか、ベルギーで現地生産していた車両にはパーキンス製のディーゼルエンジンを搭載したモデルもあった。もっとも、西側の基準においてはヴォルガの品質はなお低く、海外ディーラーからは不良品の修理にかかる請求書が山のように送られてきたという。

《M21I型》 1958-62年式の中期型。前期型の星型エンブレムは共産主義的すぎて西側市場の受けが悪かったことから、試作段階で使われていた一体成型の穴が開いたグリルに変更された。前輪のホイールアーチも拡大された。鹿のオーナメントは、衝突安全上の理由で1959年以降は外された。80hpの輸出仕様「M21K型」もあった。

《M21L/21R型》 1962-70年式の後期型。「クジラのひげ」と呼ばれる細かい格子状のフロントグリルが採用された。派生モデルとして、80hpの輸出仕様「M21M/21S型」、右ハンドル仕様「M21P/21N型」、国内向けの75hpだが装飾を豪華にした仕様「M21U/21US型」などがあった。

《M21T型》 後期型のタクシー仕様。屋根が赤いのは30万km超の過走行でオーバーホールされた個体。

《M23型》 チャイカのV8エンジンを搭載するKGB仕様。0-100km/h加速は16秒だった。

《M22/22V型》 1962年に追加されたエステート。M21L型ベースがM22型、21R型ベースが22V型となる。ソ連国内では一般販売されず、大家族やスポーツ選手などに特別に割り当てられていた。派生モデルとして、輸出仕様「22M型」、右ハンドル仕様「22P型」があった。パネルバン「M22A型」も試作されたが量産されなかった。

《M22B/22D型》 M22/22V型ベースの救急車。担架や前席との仕切りが装備されている。

運転席。天球儀をイメージしたという透明なスピードメーターがお洒落。

特権階級の乗用車

ГАЗ-24
GAZ-24

Волга

ヴォルガ　2代目前期型
耐久性は折り紙付きの高級セダン

«24型»　1970-85年式の前期型フェーズI。1977年のマイナーチェンジで、サイドウインカーとオーバーライダーが追加された。後述の派生車種のほか、タクシー向けのLNG仕様「24-07型」、右ハンドル仕様「24-54型」、四駆仕様「24-95型」（p.161で詳述）などがあった。

車名	24型
製造期間	1970-1993年
生産台数	1,481,561台
車両寸法	
- 全長	4,735mm
- 全幅	1,800mm
- 全高	1,490mm
- ホイールベース	2,800mm
- 車重	1,420kg
駆動方式	FR
エンジン	ZMZ-24D
- 構成	水冷直列4気筒OHV
- 排気量	2,445cc
- 最高出力	95hp/4,500rpm
- 最大トルク	18.9kgm/2,200rpm
トランスミッション	フロア4M/T
サスペンション (F/R)	ダブルウィッシュボーンコイル/リジッド縦置きリーフ
最高速度	145km/h
新車価格	9,200ルーブル

リアの反射板は、1977年式以降はテールランプと一体型に変更された。

・開発の経緯

1956年にデビューした初代ヴォルガ（M21型）は、アメリカを中心として流行していたボディスタイルを取り入れ、ソ連車ながら見た目は先進的だった。ところが、1950年代後半からはボディ全体を直線で構成したデザインが主流となり、丸みを帯びたヴォルガのデザインは古臭くなってしまった。

1958年には次期型の開発が始まった。その間にも西側の流行は移り変わり、翻弄されてデザインの迷走が続いた。結局、新型モデルの大枠が確定したのは1964年のことだった。

種々のテストの末、十月革命50周年に合わせて1967年11月には、2代目ヴォルガとなる「24型」の量産体制が整う予定だった。ところが、国家の一大プロジェクトとして進んでいたVAZの工場建設に政府予算の大半が割かれてしまい、加えて第三次中東戦争の影響でGAZに軍用車増産の指令が下ったことで、24型の量産設備は一向に完成しなかった。GAZは仕方なく発表を先行させ、西側市場でも新型車の広告を打ったのだが、これによって型落ちとなる初代ヴォルガの販売が激減し、外貨収入が減って量産開始は更に遅れることになった。結局、量産が正式に開始されたのは1970年7月になってからだった。表向きは「レーニン生誕100周年記念」が名目とされた。

・デザインと機構の特徴

ボディスタイルは先代と同様の4ドアノッチバックセダンだが、直線を基調としたシャープなデザインに生まれ変わった。テールフィンやクローム加工のサイドモールなどの華美な装飾はなくなり、1970年代風のシンプルな外装となっている。ソ連の路面状況の改善に伴って車高も下げられたことで、車体全体が大きく立派に見えるという視覚効果も使っている。

内装も飾り気はあまりなく至ってシンプルだ。先代よりホイールベースが拡大され、前と後ろの座席間に余裕が生まれたことで居住性が向上した。標準仕様のシートはビニールやフリース張りだったが、官僚向けにはベロア張りの特注仕様もあった。操作系はフォードを源流に持つGAZらしくアメ車風で、床に配置されたヘッドライトの切り替えスイッチや、ステッキ式のサイドブレーキがそれを物語る。前席が3人乗りのベンチシートとなっているのもこの流れだが、フロアシフトなのであまり恩恵はなく、中央のシートは倒してアームレストとして使われることが多かった。

パワートレインには、先代に搭載されていた直列4気筒のOHVエンジンを改良したものが搭載された。シリンダーブロックがアルミ製となったほか、93オクタンガソリンを推奨燃料とすることで高圧縮比を実現し、95hpを発揮した。エンジンの構造自体は古かったが、耐久性の高さは評判が良く、ガスケットが抜けても簡単な修理のみで走行可能だったと言われる。また、渋滞の増加というソ連の交通事情に鑑み、電動ラジエーターファンが装備されたほか、ギアもフルシンクロとなった。

・モデルチェンジから取り残された24-10型

24型ヴォルガも先代と同じく公用車やエリート層向けの高級車で、1970年時点では9,200ルーブルという価格設定だった。ジグリやモスクヴィッチの約1.8倍で、購入には居住地区の共産党委員会の承認も必要だったことから、やはり一般の労働者人民には縁遠い車だった。

1982年には、24型のビッグマイナーチェンジ版「3102型」が登場し、シリーズ全体がそちらに移行する予定だった。ところが、政府高官から「公用車とタクシーが同じ車種なのはまかりならん」とクレームが入ったため、24型に小規模アップデートを加えた「24-10型」が継続して製造されることになった。ソ連で一般人民が購入できる最高級車種としての地位は揺らがず、またソ連崩壊後は安価なEセグセダンとなったことで新たな需要が生まれ、1993年まで製造が続いた。

《24-01型》 タクシー仕様。出力は85hpだが、76オクタンの低品質ガソリンでも作動する。

《24-24型》 チャイカのV8エンジンを搭載するKGB仕様。外観は平凡ながら195hpを発揮した。

《24-02型》 1972年導入のエステート。3列シートで最大7-8人の乗車が可能となっている。サスペンションの強化で耐荷重は400kgに増加した。ソ連国内では一般販売されなかったが、ベリョースカ（外国人向け国営スーパー）では購入できた。派生車種として、救急車「24-03型」、ディーゼルエンジンの輸出仕様「24-77型」などがあった。

《24-04型》 エステートのタクシー仕様。積載能力は高かったが、足回りが固く乗り心地は不評だった。

《フェートン》 国防省の第38試験工場で特注製造されたパレード用オープンカー。車体も強化されている。

«24-10型» 1985-93年式の前期型フェーズⅡ。フロントグリルが樹脂製になり、フラップ式のドアハンドルや内装などが3102型準拠にアップデートされ、前ドアの三角窓やパーキングランプ、オーバーライダーはなくなった。派生車種として、LNG仕様「24-17型」、V8仕様「24-34型」などがある。

«24-11型» 24-10型のタクシー仕様。76オクタンガソリンに対応している。

«24-12型» 1987年導入のエステート。購入規制は撤廃されたが、生産台数は少なく希少品だった。

«24-13型» 救急車。屋根の行灯や、前席と荷台との間に仕切りが設けられている。

«タムロ・ヴォルガ» フィンランドのタムロ社が開発した高規格救急車。量産はされなかった。

特権階級の乗用車　111

ГАЗ-3102

GAZ-3102

Волга

ヴォルガ　2代目後期型
ソ連崩壊で凋落した官僚向けセダン

《3102型》 公用車専用品だったヴォルガの高級ライン。マイナーチェンジは度々行われ、1997年には内装が3110型と同様の現代的なものに変わり、2003年にはミラーがボディ同色に、2006年にはドアハンドルがボディ同色となった。派生車種として、チャイカのV8エンジンを搭載した「31013型」などがあった。

車名	3102型
製造期間	1981-2008年
生産台数	約156,000台
車両寸法	
- 全長	4,960mm
- 全幅	1,820mm
- 全高	1,475mm
- ホイールベース	2,800mm
- 車重	1,450kg
駆動方式	FR
エンジン	ZMZ-4022
- 構成	水冷直列4気筒OHV
- 排気量	2,445cc
- 最高出力	105hp/4,500rpm
- 最大トルク	18.9kgm/2,500rpm
トランスミッション	フロア4M/T／フロア5M/T
サスペンション(F/R)	ダブルウィッシュボーンコイル/リジッド縦置きリーフ
最高速度	150km/h
新車価格	非売品

視認性向上のため、24型に比べてテールランプが大型化したが、デザイン的には破綻している。

• 開発の経緯

1960年代後半から70年代前半にかけて、西側諸国のミドルクラスセダン市場では、ハイパワーエンジンや豪華な内装などを装備した車両が次々と登場して競争が過熱していた。このブームに乗って外貨を稼ぎたいGAZは、新型ヴォルガの検討案として、エンジンは新型のV6とV8、トランスミッションは4速AT、サスペンションは前後ともスプリング、フロントブレーキはディスク式などといった先進的な要領を示した。ところが、ソ連政府はイタリア政府も絡む国際プロジェクトであるVAZの工場設立にご執心でGAZに予算を割いてくれず、加えてオイルショックによって大排気量エンジンの需要が急速に萎んでいったことで、24型をベースとした試作車「3101型」を製作したのみでプロジェクトは凍結されてしまった。

しかし、1970年代後半になると、24型の外見や内装があまりに時代遅れとなり、西側市場での競争力低下が顕著となった。また、1977年には2代目チャイカとなる14型がデビューしたが、これが先代13型に比べて豪華で、高級官僚の中でもごく一部にしか支給されなくなったことから、チャイカに代わる公用車が求められるようになった。このような事情の下で、ヴォルガのアップデートの機運が再び高まった。

• デザインと機構の特徴

チャイカの支給リストから漏れた中堅官僚や軍関係者からの強力なバックアップがあり、1981年12月には新型ヴォルガ「3102型」がデビューした。相変わらず予算は厳しく、一から新型車を設計する余裕はなかったため、24型のプラットフォームを流用して「2代目ヴォルガのビッグマイナーチェンジ版」という立ち位置になった。

骨格部分は24型と同じだが、フロント周りの意匠が一新されたことで外観の印象は大きく変わった。全体的にチャイカを意識したと思われるデザインで、公用車としての存在感もたっぷりだ。内装もチャイカに準じた木目調のダッシュボードやベロア張りのシートが採用され、高級感を演出している。

開発当初に予定されていたV6とV8の新型エンジンはコスト削減のために実現せず、24型に搭載されていたOHVの直列4気筒エンジンが改良の上で登用された。このエンジンでは、混合気を燃焼室に送る前に副室で着火することで燃焼効率の上昇を図った「プレチャンバー」が採用された。元は低オクタンの粗悪ガソリンでも走れるように開発された技術だったが、これによって高出力と高燃費を両立した。

• 公用車とソ連崩壊後の販売戦略

当初の計画では、3102型の登場で民生品も含めて24型を完全に置き換える予定だった。ところが、チャイカの支給にあぶれた役人が3102型に乗ることに特権意識を見出して圧力をかけたせいで、3102型は公用車としての支給のみとなり、一般販売はされないことになった。

しかし、ソ連が崩壊してそのような需給枠組みがなくなり、さらに民営化で市場経済の荒波に突然放り出されたGAZは、3102型を民生品として販売せざるを得なくなった。開放されたロシア市場に流れ込んでくる西側の自動車に対抗するには価格競争しか手段がなく、エンジンをプレチャンバーのない旧型のものに置き換えて安価で販売することになった。それでも3102型が築いた官僚専用車としてのイメージは健在で、リーマンショックで需要が激減した2008年まで製造が続いた。

1992年には、旧式の24-10に3102型の外装パーツを一部流用した廉価版の「31029型」が登場した。もっとも、31029型は過度なコストカットで品質があまりにも低く、1997年には改良版「3110型」に取って代わった。旧ソ連圏では安価なEセグメント車としてタクシーなどの需要があったが、3102型と同じく2008年に製造終了となった。

《リムジン》 民営化に苦しむ RAF が市場開拓のため 1996 年に製作。数台の製造でお蔵入りに。

《フェートン》 パレード用オープンカー。ソ連崩壊後に地方の軍管区向けに多くが作られた。

《31029型》 24-10 型の進化版。1 台分のプライマーを薄めて 2 台に使っていた疑惑がある。

《31022型》 24-12 型の進化版。変わったのはフロントのみで、リアはそのままだった。

《3110型》 31029 型のフェイスリフト版。DOHC の新型エンジン仕様も追加された。

トランク形状やテールランプも一新され、現代的な調和のとれたデザインとなった。

《31105型》 2003 年発売の 3110 型のフェイスリフト版。GAZ 渾身の不気味なライトが特徴。

《31107型》 デザイン変更やリアサスのコイル化を特徴とした改良版。資金難でお蔵入りに。

ヴォルガの迷走

3102型ヴォルガは、24型からの大幅なアップデートではあったものの、フルモデルチェンジではなかった。GAZは、3代目ヴォルガの登場を常に模索し続け、市販化に至ったモデルもあったが、残念ながらいずれも成功とは程遠かった。

《3105型》 14型チャイカが豪華すぎて使用禁止となったことから、ヴォルガでありながら中身は高級車という中庸的な車種の開発が求められた。GAZはそれに応え、3102型に比べて豪華な装備や広い室内空間を備えた「3105型」をヴォルガとして1991年春に発表した。ところが、ソ連が崩壊して公用車の需給システムも一緒に崩壊してしまった。高級車の割にデザインが稚拙で、5MTしか設定のない謎の車に需要はなかった。開発を後押しした役人ですら外車を選び、3105型はわずか55台しか製造されず大爆死に終わった。

《3111型》 ヴォルガのイメージ刷新を図るべく、GAZはバイオデザインを採用した試作車「3103型」を1998年に発表した。同年のロシアデザインコンペで大賞を受賞したことで自信を深め、1999年12月に「3111型」の量産が始まった。ところが、製品化に際してなぜか不気味なグリルとライトが採用された。GAZとしては渾身のデザインだったようだが、市場からは失笑をもって迎えられた。トヨタ製エンジンのグレードを追加するなど魅力向上に努めたが、3年弱でわずか424台しか製造されず大爆死に終わった。

《3115型》 海外メーカーがひしめくEセグメントで勝負するのは無理と判断したGAZは、ヴォルガを小型化してDセグメント市場に打って出ることにした。全長4.5mのシャシーを新設計し、外観もドイツ車を意識したと思われる洗練されたデザインとなった。マルチリンク式のリアサスペンションや、4輪ディスクブレーキも装備された。ところが、新型車製造のためのライン建設費用が10億ドルに及ぶことが判明し、3115型の想定販売価格の3倍で売らなければ赤字という計算となり、泣く泣く製品化を諦めることになった。

《サイベル》 もはや独力での新型ヴォルガの開発は不可能と悟ったGAZは、外資に頼ることにした。クライスラー社との資本提携によってラインを新設し、同社のセブリングのOEM車を「ヴォルガ・サイベル」として製造することが決まった。中身は同一だが、ライトやグリルなどはオリジナルの意匠だった。2008年7月に製造が開始されたが、翌月にリーマンショックが発生し、不景気の波はロシアにも押し寄せた。高級車の需要はみるみる萎み、渾身の新型車にもかかわらず8,933台しか製造されず大爆死に終わった。

ГАЗ-12
GAZ-12
ZiM

ЗиМ

キャデラック風味の官僚向け大型セダン

《12型》 標準の4ドアセダン。ソ連で個人所有できる車種としては将来に渡っても最高級だったことから、大切に乗り継がれ現存個体も多い。ZiMの成功で主任設計者だったリプガルトはスターリン勲章を受勲したが、彼はその時すでにポベーダ製造中止事件の引責でUralZiSに左遷されていた。

車名	12型
製造期間	1950-1959年
生産台数	21,527台
車両寸法	
- 全長	5,530mm
- 全幅	1,900mm
- 全高	1,660mm
- ホイールベース	3,200mm
- 車重	1,940kg
駆動方式	FR
エンジン	GAZ-12
- 構成	水冷直列6気筒SV
- 排気量	3,485cc
- 最大出力	90hp/3,600rpm
- 最大トルク	22.0kgm/2,100rpm
トランスミッション	フロア3M/T
サスペンション (F/R)	ダブルウィッシュボーンコイル/リジッド縦置きリーフ
最高速度	120km/h
新車価格	40,000ルーブル

GAZに与えられた開発期間はわずか29か月だった。政府にポベーダ製造中止事件の反省はなかったらしい。

- **開発の経緯**

　戦後のソ連製乗用車のラインナップには、一般人民向けのモスクヴィッチ、汎用高級車のポベーダ、国家元首級 VIP 向けリムジンの ZiS-110 の 3 種類が存在していた。ZiS に乗れるレベルにない官僚や地方政府幹部にはポベーダが支給されていたが、この車はタクシーや一部のホワイトカラー人民の個人所有車としても出回っていたことから、「ポベーダ以上、ZiS 未満」という中間車種の開発が望まれていた。そこで、1948 年には「12 型」というコードが与えられて、高級官僚向け高級車の開発が開始された。

- **デザインと構造の特徴**

　1950 年 10 月には、12 型に「ZiM」という車名が与えられて量産が開始された。外装デザインは、ポベーダがシボレー風だったからか、上位車種である ZiM はキャデラック風となっている。膨らんだボンネットやリアフェンダーのカバーなどはアメ車全般の流行だったが、グリル形状やウインカーの配置は、露骨なまでの 1948 年式キャデラックのパクリである。

　この車格の自動車ではフレーム構造が一般的だったが、ZiM は異例のモノコックを採用した。もっとも、これは必ずしも先進性を狙ったわけではなく、開発期間が足りずポベーダのモノコックボディを流用せざるを得なかったという事情によるところが大きい。

　内装はポベーダとは異なり、フカフカのベンチシートが採用された。前席と後席の仕切りはないものの、後部の室内空間は非常に広く、リムジンよろしく補助用のシートまで装備されている。モノコックで 3 列シートの乗用車は ZiM が世界初だった。

　パワートレインには、当初ポベーダに搭載される予定だった 3.5 L の直列 6 気筒エンジンが採用された。戦前の 11-73 に搭載されていたダッジ由来の SV エンジンで、トラックの「51」のものとほぼ共通だが、高圧縮比とツインキャブで 90hp を発揮した。アメリカの同車格の乗用車では V8 エンジンが主流だったが、モノコックの採用で重量を抑えられたことで、直 6 でも問題ないという判断がなされたようだ。

　また、特筆すべき事項として、「流体クラッチ」という機構が採用されたことが挙げられる。これはクライスラーからコピーされたもので（もちろん無許可）、3 ペダルの MT ながら、オイルを介してクラッチを接続することでトルクコンバーターのような役割を果たす。発進時や変速時のショックを減らす効果があったが、坂道での発進不良やオイル漏れ等の不具合が頻発したこともあり、ZiM 以降の車種では採用されずトルコン AT に置き換えられた。

　ZiM は、公用車として支給されることがほとんどだったが、一般人民でも購入は可能だった。もっとも、その価格はモスクヴィッチの 4 倍近い 40,000 ルーブルで、官僚以外で入手できたのは著名な芸術家などごく一部の人民のみだった。ただし、長距離タクシーとしての供給も少数ながらされていたため、一般人民にも ZiM に触れる機会はあった。

- **政局に翻弄された車名**

　ZiM という車名は、「モロトフ記念工場（Завод имени Молотова）」の略である。もとより GAZ の工場自体に同様のサブネームが付いていたが、スターリンの名を冠した ZiS の下位車種ということで、側近であるモロトフの名が改めて車名として採用された。

　ところがスターリンの死後、モロトフは指導者の座を継いだフルシチョフと対立し、1957 年 6 月の反党グループ事件で失脚してモンゴルに左遷された。モロトフの名を冠する ZiM にも影響は及び、これ以降は型式を取って単に「GAZ-12」と呼ばれることになった。ボンネット先端と横のプレートの記載も変更されたが、政府に忖度して新しいパーツに交換される例も多かったため、残念ながら識別のあてにはならない。

運転席。シボレー風でポベーダともよく似ているが、共通パーツはほとんどない。

流体クラッチのカット模型。パワーロスが多く燃費も悪かったが、それでもZiSよりはましだった。

《タクシー》 長距離路線や都市部の高級タクシーとしても使用された。

《12A型》 フェートン仕様。1949年に2台が製造されたが、剛性不足で量産はされなかった。

《12B型》 トランクをぶち抜いてストレッチャーを収容できる救急車。前席と後席の間に仕切り板も設けられている。当時のソ連では小型バスやフルサイズのエステートが存在しなかったため、救急車の主力車種だった。

★コラム　ソ連のモータースポーツ② 〜国際ラリー〜

・国際ラリーでの活躍

ソ連車が国際レースの舞台に初めて立ったのは、FIA加盟から2年後の1958年8月だった。フィンランドの1000湖ラリーに407型モスクヴィッチを参戦させ、全台完走という快挙を遂げたソ連チームは、西側メディアからも注目を集めた。ソ連製自動車を西側市場に売り込む格好の機会と認識したソ連政府は、これ以降も積極的に国際ラリーに参戦した。

1964年には、ソ連はラリーモンテカルロの招待を受諾し、ミンスクがスタート地点に設定された。スタート地点に至るまでに1台を事故で失い、残りはゴール地点まで到達はできたものの、ペナルティポイントが多すぎて失格という散々な結果に終わった。

1964年のラリーモンテカルロ出場時のヴォルガ。「アフトエクスポルト」名義で出場した。

1968年には、新開発の412型モスクヴィッチの耐久性試験も兼ねて、ロンドン・シドニーマラソンに出場した。3大陸をまたぐ約16,000kmを24日間で走破する日程で、平均巡航速度は100km/h超という過酷なステージだった。ヨーロッパでは悪天候に悩まされ、オーストラリアではカンガルーを轢きながらも全台が完走し、西側チームの約半数がリタイヤする中での快挙となった。モスクヴィッチは、道中のアジア諸国でも安価で耐久性に優れるとの印象を残し、輸出市場の拡大にも一役買った。

1968年ロンドン・シドニーマラソンでアフガニスタンを通過するモスクヴィッチ。ギャラリーも興味津々。

・ジグリの攻勢と専門メーカーの登場

1971年のツールドヨーロッパでは、ソ連チームの1台として、デビューしたばかりの2101型ジグリが参戦した。ところが、このジグリが西側チームやモスクヴィッチを押さえて2着でゴールし、クラス1位を獲得するという大番狂わせを起こした。これを機に、ジグリをラリー仕様に改造したモデルの需要が高まり、1975年にヴィリニュス車両工場（VFTS）が国営チューニングショップとなった。VFTS製の車両は国内外の多数のラリーで優勝を飾り、2万ドル程度で購入できる本格マシンとして西側でも人気があった。

«2105VFTS»　VFTSが1982年に製造したGr.Bマシン。社会主義友好杯では優勝常連だった。

«2108EVA»　VFTSが1986年に製造したGr.Bマシン。翌年に枠が廃止されてお蔵入りに。

特権階級の乗用車

ГАЗ-13
GAZ-13
Чайка
チャイカ　初代
20 年間製造が続いたソ連製高級車の極致

《13型》　標準の 4 ドアセダン。先代 ZiM と異なり個人には販売されず、1975 年以降は個人名義の登録が明文規則で禁止となった。もっとも、公用車を退役した個体が結婚式場に払い下げられる例は多く、一般人民もウエディングカーとして借りることができた。

車名	13型
製造期間	1959-1981 年
生産台数	3,179 台
車両寸法	
- 全長	5,600mm
- 全幅	2,000mm
- 全高	1,620mm
- ホイールベース	3,250mm
- 車重	2,100kg
駆動方式	FR
エンジン	ZMZ-13
- 構成	水冷 V 型 8 気筒 OHV
- 排気量	5,526cc
- 最高出力	195hp/4,400rpm
- 最大トルク	42.0kgm/2,500rpm
トランスミッション	スイッチ 3A/T
サスペンション (F/R)	ダブルウィッシュボーンコイル / リジッド縦置きリーフ
最高速度	160kmh
新車価格	非売品

フルシチョフ政権末期に製造中止になりかけたが、車好きのブレジネフが政権の座に就いたことで救われた。

・開発の経緯

1950年代は、自動車デザインの潮流が大きく変化した10年だった。フェンダーをボディと一体化させて前部から後部まで一直線で結んだ「ポンツーン」と呼ばれるデザインが主流となり、ボディラインが平面に近づいていった。他方で、クロームパーツやテールフィンなどの装飾要素も増えた。このような変化は、毎年のモデルチェンジを販売戦略としていたアメ車で特に顕著で、1948年式キャデラックのパクリだったZiMのデザインはあっという間に陳腐化してしまった。

また、ZiMはポベーダ譲りのモノコックボディを採用していたが、やはり2tの車重を支えるには強度が足りず、剛性や騒音の問題が度々指摘されていた。1955年には車体構造を一から設計し直した新型車の開発命令が下ることになった。

・デザインと構造の特徴

新型高級車「13型」の量産設備は1958年秋に完成したが、第21回ソ連共産党大会の貢ぎ物とすべく、量産開始は1959年1月にずれ込んだ。ロシア語でカモメを意味する「チャイカ」というサブネームも与えられた。M21型ヴォルガの上位車種という立ち位置であることから、ヴォルガ川の上を飛ぶカモメをイメージしたネーミングであると言われる。

外装デザインはまたもアメ車風で、直線的なポンツーンスタイルがより鮮明になり、1950年代後半の流行だった大型のテールフィンも装備している。ヘッドライト周りやテールライトは、同年代のパッカードやクライスラーと非常によく似ているが、これらはいずれも当時のアメ車の流行の詰め合わせであり、必ずしも特定の車種のパクリとは言えない。

なお、チャイカのデザインは、上位車種であるZiL-111とも酷似しているが、これはデザイナーが同一人物であることによる。両車種ともコンペで選ばれたデザインで、アメ車へのコンプレックスを抱えるソ連の自動車工場にとって、それだけ魅力的だったということだろう。

パワートレインには、新規開発された5.5LのV8エンジンが採用された。大型化は避けられなかったが、多くのパーツをアルミ合金製とすることで重量を抑えている。出力もトルクもZiMに比べるとほぼ倍増しており、2.6tの巨体も楽に取り回せるようになった。

車体構造は、モノコックだったZiMと異なり、X型のボーンフレーム構造となった。保守的な構造に回帰したが、V8エンジンや豪華装備を盛り込むための最適解だった。他方で、トルクコンバーターと遊星ギアを組み合わせた2ペダル式ATやパワーステアリングなど、運転手の負担を軽減する装備、パワーウインドウや車載ラジオの自動選局などの快適装備といった、先進的な要素も広く取り入れられている。

・ソ連自動車産業の極致と長寿化

ソ連車がモデルチェンジを行うインセンティブは2つある。一つは陳腐化による害が想定される場合、もう一つは致命的な欠陥が発見された場合である。

前者についてみると、チャイカはもっぱら公用車としての支給のみで一般人民には提供されず、輸出も社会主義圏に限られていたため、「売上」を気にする必要がなかった。また、国家元首クラスの要人を乗せるのはZiLの役割で、チャイカはあくまでも官僚向けだったことから、陳腐化しても国家の威信が傷つく心配はなかった。

後者についてみると、チャイカのATはヴォルガの失敗を受けてよく研究されていたし、エンジンは丈夫かつ十分なパワーを有していた。また、快適装備の質も良く、改善を積極的に求める声はほとんどなかった。

チャイカのデザインは、発表から数年後には時代遅れのものとなっていたが、上記のような事情でモデルチェンジは一向に行われず、1981年まで20年以上に渡って生産が続けられることとなった。ソ連自動車史における一種の極致に達したモデルだったと言ってよいだろう。

運転席。シフトレバーはなく、ハンドルの左にあるボタンで操作する。ボタンが陥没する等の不具合もあった。

《13A型》 前席と後席の間に仕切りを設けたリムジン仕様。数台が製造された。

《13B型》 パレード用のフェートン。フレーム構造となったことでZiMより柔軟な改造が可能となった。公式に製造されたのは20台強とされるが、セダンの屋根を切り取ってオープンカーにされた例も多い。1979年に東ドイツに提供された個体も、セダンの中古車をレストアの上で改造したものだった。

アメ車のオープンカーを参考に、電動式の立派な幌が装備された。

《ランドレー》 後席部分だけオープンの仕様。映画撮影用とされるが政府高官が使っていたとの目撃談あり。

《13S型》 クレムリンの医療を司る保健省第4総局の指示で製造された要人用の救急車。開発と製造は RAF で行われた。トランク部分を拡張してエステートとし、担架や AED、酸素ボンベなどが装備された。ホーチミンの遺体輸送用にベトナムに提供された個体には、日本製のエアコンが搭載されていた。

東ドイツでセダンをベースに改造された救急車。公式の 13S 型とは窓枠の処理などが異なる。

《軌道仕様》 鉄道用の車輪を取り付けた仕様。政府高官が鉄道沿線の視察をする際に使用された。

《OASD-3》 ChZU で製造された映画撮影車。高級車のしなやかなサスペンションが役に立つようだ。

《OASD-4》 同じく ChZU 製の映画撮影車。屋根と座席だけを除去したカブリオリムジーネスタイル。

ГАЗ-14
GAZ-14
Чайка

チャイカ 2代目
豪華すぎてゴルバチョフに潰された高級車

《14型》 1976-85年式の前期型。ブレジネフ用に製造されたチェリー色の1台を除き、全て重厚な黒で塗装された。車高は先代よりも低くなったが、走行試験は雪道、泥濘、砂漠、川の中などより厳しい条件下で行われ、悪路走破性も高かった。

車名	14型
製造期間	1977-1988年
生産台数	1,120台
車両寸法	
- 全長	6,114mm
- 全幅	2,020mm
- 全高	1,525mm
- ホイールベース	3,450mm
- 車重	2,615kg
駆動方式	FR
エンジン	ZMZ-14
- 構成	水冷V型8気筒OHV
- 排気量	5,526cc
- 最高出力	220hp/4,200rpm
- 最大トルク	46.0kgm/2,800rpm
トランスミッション	フロア3M/T
サスペンション (F/R)	ダブルウィッシュボーンコイル/リジッド縦置きリーフ
最高速度	175kmh
新車価格	非売品

コンシールドワイパーやヘッドライトウォッシャーは、ソ連では14型チャイカが初めて採用した。

・開発の背景

　1959年にデビューした13型チャイカは、大型のテールフィンやラウンドウィンドウなど、1950年代中盤のアメリカの流行を意識したデザインだった。ところが、アメリカの流行の変遷は速く、チャイカのデザインも数年足らずで時代遅れとなった。

　1960年代後半になると、下位車種であるヴォルガやモスクヴィッチが相次いでモデルチェンジを受け、西側の最新トレンドを反映したスタイルに生まれ変わった。それにもかかわらず、上位車種であるはずのチャイカはいつまでたっても旧態依然としたままであることに、「赤い貴族」たちの不満は日に日に高まっていった。一定の発言力を有する彼らの意見を無視するわけにもいかず、1967年にようやく重い腰を上げてモデルチェンジ計画が本格始動した。もっとも、チャイカは西側に売るわけでも、国家元首級のVIPが乗るわけでもなかったことから、開発の優先順位は低く遅々として進まなかった。

・デザインと機構の特徴

　10年近い開発期間を経て、1976年12月には2代目チャイカとなる「14型」の製造が開始された。もっとも、12月中に製造されたのは、ブレジネフの誕生日プレゼントとして作られた1台だけで、本格的な量産に入ったのは翌年1月だった。十月革命60周年という節目に合わせたかったようだ。

　外装デザインは、直線的でシャープなシルエットとなった。先代より10cm近く車高が下げられ、対してホイールベースと全長は拡大したことで、視覚的な重厚感とエレガントさを両立させている。このデザインは空力性能にも影響し、加速性能や燃費の向上にも役立った。フロント周りは、ヘッドライトとグリルを一体化させて一直線上に配置する「フラットデッキ」と呼ばれるデザインが採用された。もはやソ連でも目新しいものではなかったが、先代チャイカに比べれば天地の差であった。

　「赤い貴族」たちの需要に応えられるよう内装も充実しており、先代同様のパワーウインドウやラジオの他、後部座席のオーディオリモコン、2つのヒーター、日本から輸入したデンソー製エアコンなども装備された。このヒーターは強力で、-25℃の車内でも10分で25℃まで温度を上げられるとの評判だった。これらの豪華装備のせいで、車重は先代より500kg以上も増加した。パワートレインは先代のV8エンジンが継続登用されたが、吸排気系の見直しやデュアルキャブ化などで性能が高められた。同時にブレーキも強化され、フロントには英ガーリングにライセンスを受けたベンチレーテッドディスクブレーキが採用された。

・過度な豪華さと生産中止

　上記のような豪華装備を搭載した14型チャイカは、生産コストがあまりに高すぎたこともあり、先代チャイカの支給対象だった高級官僚の中でもごく一部の高官しか乗ることができなかった。14型チャイカの支給対象になること自体が「特権中の特権」となってしまったのである。チャイカの支給にあぶれた官僚たちは、改良型の3102型ヴォルガの支給範囲を限定させたり、ヴォルガの名を借りた事実上の上位車種（3105型）を作らせるなど、特権意識の維持に奔走する羽目になった。

　ところが、1985年にゴルバチョフが書記長の座に就くと、ソ連に蔓延る汚職の撲滅を目指した改革「ペレストロイカ」が始まった。彼の目には、豪華な14型チャイカが汚職と腐敗によって築かれた特権の象徴的存在と映っていたようで、1988年12月にはチャイカの使用禁止が発令された。これに伴って製造も中止され、生産設備と文書類一式、さらにはミニカーの金型までもが破棄されてしまった。もっとも、数年後にソ連は崩壊し、官僚たちは流入してきた西側製の高級外車で権力欲を満たしたため、チャイカの製造中止はロシア自動車産業の首を自ら締めただけに終わった。

運転席。13型のボタン式シフトは故障が多かったことから、14型ではフロアシフトになった。

《14-02型》 1985-88年式の後期型。シート形状や無線通信システム等、細部の変更のみ。

《14-05型》 パレード用のフェートン。補助シートの代わりに立ち乗り用の手すりが装備され、シートも革張りとなった。1982-88年の間に15台が製造された。キエフやミンスクなど各共和国の首都に配備される例が多かったほか、1台はキューバのカストロにプレゼントされた。

先代13B型のような電動式の幌は装備されず、代わりに簡素な布がかけられるだけだった。

《RAF-3920》 保健省の要請によりRAFで製造された要人向けの救急車。5台が製造された。

★コラム　ソ連のモータースポーツ③　〜速度記録車〜

・始祖ズヴェズダー

1930〜40年代のソ連では、最高速度や一定距離での速度を競う「速度記録」がモータースポーツの主流だった。しかし、ソ連で使われていたのは市販車をベースとした改造車であり、専用設計の車両を使って毎年のように世界記録を更新していた欧米諸国とは雲泥の差があった。

1946年4月、NAMIのエンジニアだったA. ペリツェルは、自動車産業省とスポーツ委員会の承認を取り付け、バイク自転車産業総局に速度記録車設計局を設立した。早くも同年9月には、ソ連初の速度記録車となる「ズヴェズダー1」が完成した。最高速度は139.6km/hで、

《ズヴェズダー1》　ソ連初の速度記録車。独DKW製の350ccダブルピストンエンジンを搭載する。

世界記録には及ばなかったもののソ連記録となり、初挑戦としては上々の結果だった。その後も改修作業が続けられ、1949年8月には「ズヴェズダー3」が172.8km/hをマークして遂に350ccクラスの国際記録を更新した。1951年に速度記録車設計局はNAMIの一部門として「高速自動車局」に改組されたが、目立った成果は出せず、1962年に閉鎖された。

・ハリコフの地を這うロケット

ハリコフ共産党委員会の自動車基地の責任者だったV. ニキーチンは、ズヴェズダーの活躍を見て、独力で速度記録車の開発を始めた。1950年にはGAZ-M1のシャシーにアルミ製ボディをかぶせ、ポベーダのエンジンを搭載した「ハリコフ-1」が完成した。5つのソ連記録を樹立した後、ニキーチンは自動車クラブに移籍して速度記録車開発に没頭した。

時を同じくして、ハリコフ自動車道路大学（KhADI）の学生チームが速度記録車の研究を開始した。1952年に完成した「KhADI-1」は、バイク用

《ピオネール2M》　1967年にモスクワ中央自動車クラブが製作した、ガスタービンエンジン搭載車。

の750ccエンジンを搭載し、1kmの加速で146km/hをマークした。当時のソ連記録には及ばなかったものの、このプロジェクトは注目を集めて継続され、1952年には同学に高速車両研究所が設立されることになった。

KhADIは、高速車両研究所の所長としてニキーチンを迎えた。大学の予算とニキーチンの手腕により、KhADIシリーズは更なる発展を遂げた。1960年代に世界の速度記録車がジェットエンジンを使うようになると、戦闘機MiG-19のエンジンを搭載した「KhADI-9」が設計され、音速への挑戦が始まった。ところが、バスクンチャク塩湖の試験コースが閉鎖され、KhADIはEVレースや低燃費の研究に切り替えていくこととなった。

《KhADI-9》　1978年製作のジェットエンジン搭載車。設計上は1,200km/h出るはずだった。

ЗиС-101
ZiS-101

設計者の首を飛ばした欠陥まみれのリムジン

«101» 1936-39年式の前期型。前後席の仕切りが設けられているほか、前席は革張り、後席は布張りという伝統的なショーファードリブンのプロトコルに準拠する。屋根の中央部は革張りの木板だが、この大きさのボディパーツを作る金属加工技術がソ連になかったことによる。

車名	101	101A
製造期間	1937-1940年	1940-1941年
生産台数	8,753台	675台
車両寸法		
- 全長	5,750mm	
- 全幅	1,890mm	
- 全高	1,870mm	
- ホイールベース	3,605mm	
- 車重	3,075kg	2,550kg
駆動方式	FR	
エンジン	ZiS-101	ZiS-101A
- 構成	水冷直列8気筒 OHV	水冷直列8気筒 OHV
- 排気量	5,766cc	5,766cc
- 最高出力	90hp/2,800rpm	116hp/3,200rpm
- 最大トルク	35.2kgm/1,200rpm	35.2kgm/1,200rpm
トランスミッション	フロア3M/T	
サスペンション(F/R)	リジッド縦置きリーフ/リジッド縦置きリーフ	
最高速度	115km/h	125km/h
新車価格	非売品	

室内のトランクに加え、折り畳み式の荷台も装備される。

・開発の背景

　ソ連建国以来、レーニンやスターリンをはじめとするVIPの移動には、ロールスロイスやパッカードなどの外国製リムジンが用いられてきた。当時のソ連には高級乗用車を製造する工場が存在しなかった。そのような状況下で、1932年にはソ連国内でパーツ製造から組立までを完結する乗用車「GAZ-A」が誕生した。次の目標を高級乗用車の国内製造に据えた重工業人民委員会は、開発をレニングラードのクラスヌイ・プチロヴェツ工場（KP）に命じた。

　KPは、まずは外車をコピーすることとし、アメリカからビュイックの最高級モデルであった「32-90」を輸入した。1933年4月には、ビュイックの5,000点を越えるパーツをデッドコピーした「L-1」が6台製造された。これは翌月のメーデーのパレードで人民にお披露目され、スターリンへの謁見も兼ねてモスクワへの走行試験も行われたが、帰り道で6台とも故障してしまった。高級車開発が一筋縄ではいかないことを理解した重工業人民委員会は、開発をスターリン記念工場（ZiS）に移管し、仕切り直しを図ることにした。

・デザインと機構の特徴

　ZiSは、新型車のコードを「101」と設定してL-1の手直しに取り掛かった。1934年頃からアメリカで空気抵抗を意識した流線形ボディが流行するようになったことから、ZiSでもこれを採用し、デザイン案は大幅に改変された。グリルやボディなどは、アメ車風ながらもソ連オリジナルのデザインが設計された。

　L-1ではH型のラダーフレームが使われていたが、ビュイックの進化に伴って改良され、101にはメンバーをX型に配置したフレームが採用された。エンジンはL-1からほぼ変わらず、ビュイック丸パクリの直列8気筒エンジンが継続登用された。また、ラジオやヒーターをはじめとした快適装備のほか、ブレーキブースターやギアのシンクロなど、運転手の負担を軽減する装備も盛り込まれた。設計の最終仕上げと生産設備一式は、150万ドルという多額の資金を投じてアメリカのバッドカンパニーに発注された。

　1936年6月には、2台の101が試験生産され、クレムリンに運ばれた。アメ車に劣らぬ立派な風格の101にスターリンは満足したため、正式に量産ラインが建設されることになり、1937年1月に量産が開始された。

・初期不良のオンパレード

　クレムリンの車庫に納入されるなり、101の多数の初期不良が明らかとなった。酷いノッキングやギア鳴きの発生、車内のガソリン臭、ボディの軋み、バルブスプリングの頻繁な破損等々、高級車としては致命的な欠陥ばかりだった。

　かくして101はクレムリンから放逐されたが、政府にとって重要なのは「ソ連初の高級リムジンを量産した」という事実であり、引き続き101の製造は続いた。ところが、クレムリンからお下がりを受け取った重工業人民委員会のメカニック複数人が、自動車雑誌にスターリンを名宛人とする101の欠陥を告発する書簡を発表してしまった。こうなっては中央政府もかばいきれず、「自動車生産の品質に対する怠慢と欠陥の隠蔽」を理由として、ZiSの主任設計者であったヴォルコフが解任されることになった。なお、彼は翌年に大粛清で処刑された。直接的な要因は別にあったようだが、これが一因であったことは否定しがたいだろう。

　欠陥が洗い出されて設計が改められ、1940年8月に改良型の「101A」の製造が始まった。エンジンとトランスミッションの設計上の欠陥は排除されたが、ボディの木製パーツをアルミ製に変更する計画は実現せず、重量過多の問題は先送りとなった。翌年に勃発した独ソ戦により、わずか1年弱で101Aの製造は中止となった。

《L-1》 1933年に試験製造された101の前身。1932年式ビュイックのデッドコピーで、外見的な違いはホイールとエンブレム程度しかない。車名は「Легковой-1（乗用車1号）」または「Ленинград-1（レニングラード1号）」のいずれかの略とされる。製造された6台は全て滅失したとされ、写真の個体はビュイックベースのレプリカと考えられる。

《101A》 1940-41年式の後期型。フロントグリルが変更されたが、これも1937年式ビュイックのパクリである。同車格のアメ車と比べると700kgも重く、戦地では無用の長物だったため、徴用を免れて現存する個体も多い。

101 の運転席。パッカードに似たアメリカ風ではあるが、基本的にはソ連のオリジナルデザインだった。

«102» 101ベースのパレード用フェートン。10台程度が製造されたが、現存はしていない。

«102A» 101Aベースのフェートン。戦中もモスクワ包囲戦が始まる数日前まで開発が行われていた。

«AKZ-4» 101を改造した救急車。戦後は生き残った101を使って様々な車種が製作された。

«スポルト» 1939年にコムソモール設立20周年を記念して製造された。101Aのシャシーをベースに、車高の低い流麗なオープンボディを架装してある。足回りやトランスミッションも専用に設計され、最高速度は163km/hをマークした。実物は戦災で失われ、写真は近年製作されたレプリカ。

特権階級の乗用車

ЗиС-110
ZiS-110

スターリンが愛したソビエト・パッカード

《110》 ボディスタンプはアメリカから輸入する予定だったが、戦時経済でそのような財政的余裕はなく、ソ連国内でアルミ合金を使って作られた。耐久性はスチール製に劣ったが、大量生産品でない110にとって大きな問題ではなかった。

車名	110
製造期間	1945-1958 年
生産台数	2,089 台
車両寸法	
- 全長	6,000mm
- 全幅	1,960mm
- 全高	1,730mm
- ホイールベース	3,760mm
- 車重	2,575kg
駆動方式	FR
エンジン	ZiS-110
- 構成	水冷直列 8 気筒 SV
- 排気量	6,005cc
- 最高出力	140hp/3,600rpm
- 最大トルク	40.0kgm/2,000rpm
トランスミッション	コラム 3M/T
サスペンション (F/R)	ダブルウィッシュボーンコイル / リジッド縦置きリーフ
最高速度	140km/h
新車価格	非売品

トランクやドアヒンジの形状など、細部を見るとパッカードを丸々コピーしたわけではないことが分かる。

- **開発の背景**

 1936 年、ZiS はソ連初となる国産リムジン「101」を発表した。1940 年には改良型の「101A」となったが、翌年に独ソ戦が勃発し、ZiS の工場ラインを軍需品に回すために101A は製造中止となってしまった。それでも、戦時下ながらに次世代型リムジンの開発は水面下で進められていた。来たるべき戦勝の際には、新型リムジンでパレードに臨むことで国力を示したいスターリンの思惑があった。

 ところで、スターリンはロシア内戦中に公用車としてパッカードのリムジンを支給されて以来、最高指導者になってもこれを愛好していた。その噂はアメリカまで伝わり、1935 年にはルーズベルト大統領から防弾仕様のパッカードがプレゼントされた。スターリンはこれを大いに気に入っており、次世代国産リムジンは「ソ連のパッカード」にするよう ZiS に指示が下った。

- **デザインと機構の特徴**

 世界最高峰の高級車であるパッカードと同等の性能を求められた ZiS は困り果て、まずパッカード社に 1942 年式の「180 ツーリングセダン」の生産設備を譲ってもらえるよう持ちかけた。しかし、戦時下で軍需工場となっていた同社は既に型落ち乗用車の生産設備を廃棄しており、その願いは叶わなかった。

 仕方なく、ZiS は同車を輸入してコピー品を製造することにした。このような経緯もあって、新型リムジン「110」は、一見するとパッカードのデッドコピーのようだ。ボディスタイルはもちろん、装飾用のモールや内装、車体構造に至るまでパッカードそのもので、極めつけには同社のアイコンだったフロントグリルまで忠実にコピーしている。

 パワートレインは、6.0L の直列 8 気筒エンジンが搭載されたが、これもパッカードを参考として作り直したものである。性能面は申し分なく、油圧バルブリフターやサイレントチェーンの採用で騒音が大幅に軽減され、乗車時はイグニッションランプを見ないと始動しているか分からなかったという。当時のソ連では 72 オクタンガソリンが最高品質だったが、推奨燃料は 74 オクタンとされ、110 のためだけに供給が始まった。

 なお、それぞれのパーツ自体は完全にソ連の独自設計で、パッカードとの互換性はない。防弾車の開発に備えて余裕を持たせるため、パッカードよりも全幅が広めに設計されているほか、トランク部分の形状も異なる。そしてなにより、ボンネットに輝く赤旗のエンブレムがソ連車のフラッグシップであることをアピールしている。

 試験生産車を視察したスターリンは、パッカードそっくりの 110 を見て大いに満足し、終戦直後の 1945 年 7 月に量産が開始された。

- **スターリンの愛した防弾車 115**

 かくして各共和国の首脳や党の高級幹部向けに 110 の支給が始まった。しかし、110 を一番気に入っていたはずのスターリンは、ほとんど乗ることはなかった。その理由は、防弾性能の欠如である。1930 年代の大粛清以降、犠牲者の報復を恐れたスターリンは猜疑心の権化となり、極度に暗殺を恐れていた。防弾車の開発は 110 と並行して行われていたが、重量削減策の開発に時間がかかり、防弾車「115」の量産が開始されたのは 1949 年 12 月だった。

 115 の外見は 110 とほとんど変わらず、寸法は共通である。しかし、車体構造は大きく異なっており、防弾装甲を施した鉄板を溶接してモノコック状のボディを組み立て、その上からボディパネルを貼り付けるという特殊な設計が採用された。車重は 4.2t に達し、サスペンションやリアアクスル、タイヤなどが専用品となっている。

 ところが、スターリンはこのような重装甲の防弾車をもってしてもまだ安心できなかったようだ。2 日連続で同じ車両には乗らず、突然ルート変更を指示したり、挙句には運転手すら信用せず自分でハンドルを握ることもあったという。

«タクシー» 101と同じく、110も保養地へ向かう長距離タクシーとして使用されていた。

«110A» 救急車。トランクをぶち抜いて患者を収容できるようになっている。

«110B» 1949年から製造が始まったフェートン。100台超が製造され、各都市の軍事パレードのほか、友好国の使節を迎える際に使用された。ただし、モスクワのパレードに限ってはスターリンが馬に固執していたため、110Bは1955年まで使われなかった。

ソチなどの南部の保養地では、110Bのタクシーも稼働していた。

«110V» コンバーチブル。前後席の仕切りや、電動の窓と幌が装備される。3台が試作された。

«110P» フルシチョフの命で開発された四駆仕様。燃費 1.6km/L と凶悪すぎてお蔵入りに。

«OASD-2» ChZU が製作した映画撮影車。静かで強力なエンジンとしなやかな足回りが評価された。

«115» 要人向け防弾車。装甲パネル上にボディを構築するという設計は、「空飛ぶ戦車」と呼ばれた Il-2 攻撃機と同様の手法だった。この装甲パネルは全台実弾を使用した耐久検査が行われ、責任の所在を明らかにするために担当者が署名することになっていた。

75mm 防弾ガラスは非常に重く、窓を開けるのは自重落下で、閉めるには専用ジャッキが必要だった。

115 の運転席。ドアやフロントガラスが分厚くなっているため、かなり圧迫感がある。三角窓の厚さに注目。

特権階級の乗用車

ЗиЛ-111
ZiL-111

フルシチョフ時代の VIP 向けリムジン

«111A» 1958-62年式の前期型のうち、1959年式以降はエアコンが標準装備された「111A」となった。初期型の111は数台しか製造されていない。110時代と比べると生産数が大幅に減ったため、空いた製造ラインを用いて高級バス ZiL-118 が開発された（p.236にて詳述）。

車名	111	111G
製造期間	1958-1962年	1962-1967年
生産台数	75台	38台
車両寸法		
- 全長	6,140mm	6,190mm
- 全幅	2,040mm	2,045mm
- 全高	1,640mm	1,637mm
- ホイールベース	3,760mm	3,760mm
- 車重	2,605kg	2,815kg
駆動方式	FR	
エンジン	ZiL-111	
構成	水冷V型8気筒 OHV	
- 排気量	5,980cc	
- 最高出力	200hp/4,200rpm	
- 最大トルク	45.1kgm/2,200rpm	
トランスミッション	スイッチ2A/T	
サスペンション (F/R)	ダブルウィッシュボーンコイル/リジッド縦置きリーフ	
最高速度	170km/h	
新車価格	非売品	

111はリアもラウンドウィンドウだったが、111Aではエアコン搭載にあたってDピラーが太くなった。

• 開発の背景

スターリン時代のリムジン ZiS-110 は、内外装ともに 1942 年式のパッカードを模したデザインだった。そのため、製造が始まった 1945 年には既に時代遅れの外見となりつつあった。1948 年にはマイナーチェンジ案が出されたが、スターリンはパッカードそっくりの 110 を非常に気に入っていたため、計画は却下されてしまった。

1953 年にスターリンが死去すると、最高指導者の座を継いだフルシチョフは、早速 110 の後継車種を設計するよう指示を出した。また、1956 年にはスターリン批判によって公式に個人崇拝が否定されたため、スターリンの名を冠した ZiS も、先々代工場長の名に変えて「リハチョフ記念工場（ZiL）」と名称変更されることになった。

• デザインと機構の特徴

新型リムジン「111」のプロトタイプは、1956 年の産業展示会で発表された。これは 1955 年式ビュイックとキャデラックを混ぜたようなデザインだったが、この案は却下されてしまった。デザイン担当者であったロストコフが、スターリンお気に入りの 110 を設計した人物でもあったことも一因だったようだ。

結局デザインは公募で選ばれることになり、GAZ のデザイナーだったエレメエフの案が採用されることになった。ポンツーンやラウンドウィンドウ、そして大型テールフィンといった最先端のアメ車のデザインを取り入れたことが評価された。寸法は先代 110 よりも大きく、ソ連の最高指導者に相応しい堂々たる車格を備えていた。なお、エレメエフは同時に GAZ-13 型チャイカのデザインも手がけており、111 はそれを大型化して設計されたものであった。

内装はキャデラック風で、前席も 3 人掛けのベンチシートが採用された。また、トランスミッションは 2 速 AT となり、その操作はハンドル横のボタンで行うようになっている。もちろん VIP が座る後席の装備も豪華で、パワーウィンドウや自動選局のラジオ、エアコン（1959 年式以降）が標準装備となっている。

パワートレインには、6.0L の V8 エンジンが搭載された。クライスラーのエンジンのパクりだが、これがソ連車としては初の量産型 V8 エンジンとなった。このエンジンは後にトラックの ZiL-130 にも改良の上で搭載され、半世紀にわたって使い回されることになる。

フルシチョフはエレメエフ案にようやく満足し、1958 年 11 月に 111 の量産が開始された。110 はタクシーなど民間にも一定数が放出されていたが、その役割は ZiM やヴォルガが担うようになったことから、111 は年間 10 台程度しか製造されず、名実ともにソ連の VIP 専用車種となった。

• 流行に振り回された ZiL

かくして 12 年ぶりのモデルチェンジを遂げたまではよかったが、アメリカの流行の移り変わりは想定以上に速かった。1959 年には、アメリカとの関係改善策の一環としてモスクワで米国工業製品の展示会が開催されたが、そこで展示されていたキャデラックの最新モデルを見たフルシチョフは愕然とした。4 灯ヘッドライト、フラットデッキ、そして更なる大型化を遂げたテールフィンが 1959 年のアメリカの流行スタイルであり、ソ連の最新車種であるはずの 111 は既に一昔前のデザインだったのだ。

見栄えでアメリカに負けてはならないと考えたフルシチョフは、早急なモデルチェンジを ZiL に指示した。ZiL は 1960 年式キャデラックをパクったプロトタイプを 1962 年に製作したが、アメリカでは同年以降テールフィンは急速に廃れていき、装飾の少ないすっきりとしたデザインが流行するようになっていた。流行デザインのいたちごっこのような状況が続いたが、結局 1962 年式キャデラックのデザインを手早くパクり、後期型「111G」が 1962 年以降製造されるようになった。

«111G» 1962-67年式の後期型。こちらもあからさまに1962年式のキャデラックに似たデザインとなっている。エアコンの標準装備化と装飾の追加のせいで、111より重量が200kg以上増加した。

リアのデザインも大きく変わり、アメリカの流行に則ってテールフィンが縮小された。

1962年に作られた111Gのプロトタイプ。1960年式キャデラックのパクリ。

«111V» 111ベースのオープン仕様。わずか8台しか製造されなかった。

«111D» 111Gベースのオープン仕様。12台製造されたうちの1台は金日成にプレゼントされた。

★コラム　ソ連を走った外国車

・ソ連建国から大戦後まで

帝政ロシアには大規模な自動車産業が存在せず、ソ連建国初期は、要人の公用車から人民の移動手段であるバスに至るまで、外国製の輸入車に頼っていた。スターリン政権下で重工業化が推進され、国産自動車が製造されるようになってからも、供給不足から多くの外国車が生き残っていた。独ソ戦が勃発すると、外国車の多くは徴用されて消失したが、その代わりにレンドリースによって多数のアメリカ車がソ連に持ち込まれた。その一部はZiLやGAZなどの開発部門に持ち込まれ、戦後のソ連車開発に多大な影響を与えた。戦況がソ連優勢になるにしたがって、戦地での鹵獲品として多数のドイツ車がソ連に持ち込まれるようになった。軍用車だけでなく、メルセデスベンツやホルヒなどの高級車も接収され、功績を上げたソ連軍人への褒章として支給された。

・人民が外国車に乗る方法

戦後のソ連では、外国製乗用車の正規輸入は行われず、人民が西側の自動車に触れる機会はほとんどなかった。しかし閉鎖的なソ連国内においても、外国車を乗り回す方法があった。

映画監督 I. ディホヴィチヌイのフィアットディーノ。イタリア大使館の整備士のコネで入手したという。

その方法の一つは、外国で購入した車両をソ連に個人輸入することだった。著名な芸術家や俳優などは、国外に出る機会があるとそこで自動車を買い求めた。関税を支払って通関証明さえ取得すれば、ソ連国内でも外国車を登録することができた。著名人だけでなく、国際船舶の船員もこの方法で外国車を持ち込むことがあった。もっとも、車両の通行が許可されたのは登録都市の市内のみで、それより外に出ることはできなかった。

もう一つの方法は、外国人が帰国時に置いていった車両を購入することだった。外国使節や駐在員がソ連に持ち込んだ車両は、ソ連外務省の外交団サービス局（UpDK）を通じて売却可能で、ソ連人民は中古車の指定委託販売店を通じてこれを購入することができた。珍しい外国車の需要は高かったため、購入には多額の金銭だけでなくコネも必要で、この方法で直接入手できたのは一定以上の地位にある者だけだった。物好きの一般人民の中には、闇市場で登録を抹消された外国車を購入して自分で修理する者もいた。これらの「廃車」は、ソ連製の新車以上の価格で取引され、購入には長蛇の列ができていた。

このように、ソ連でも外国車は入手は可能だったが、その維持は困難だった。ソ連ではハイオクガソリンが一般販売されておらず、修理部品も容易には輸入できなかった。自前で部品を製造できるか、UpDKの整備士とコネがなければ、外国車に乗り続けるのは難しかった。

・ペレストロイカと市場開放

ゴルバチョフ政権下のペレストロイカによって、1985年に外国からの中古車の正規輸入が始まった。当初はシュコダ、トラバント、ザスタヴァのみだったが、次第に西側製の中古車も解禁された。しかし、ソ連国内で外国車を整備できる環境が整っていなかったことから、多くのソ連人民は東欧諸国に輸出されていたソ連車を買い戻した。西側製の中古車に乗り換えたい東欧諸国の人民が大喜びでソ連車を売り払ったのは言うまでもない。

1973年式のオールズモビル・デルタ88。個人所有の外国車はどこでも注目の的だった。

特権階級の乗用車

ЗиЛ-114
ZiL-114

ブレジネフ時代のフラッグシップ

《114》 ヘッドライトがグリルに重なるように付いている1967-71年式の前期型。全長、全幅、WBはいずれも当時のアメリカ大統領専用車だったリンカーン・コンチネンタルよりわずかに大きく、ZiL設計局が忖度して威厳を持たせたことが伺える。

車名	114
製造期間	1967-1977年
生産台数	113台
車両寸法	
- 全長	6,305mm
- 全幅	2,068mm
- 全高	1,540mm
- ホイールベース	3,880mm
- 車重	3,085kg
駆動方式	FR
エンジン	ZiL-114
- 構成	水冷V型8気筒OHV
- 排気量	6,959cc
- 最高出力	300hp/4,400rpm
- 最大トルク	57.0kgm/2,800rpm
トランスミッション	スイッチ2A/T／フロア3A/T
サスペンション(F/R)	ダブルウィッシュボーンコイル/リジッド縦置きリーフ
最高速度	190km/h
新車価格	非売品

1977年式以降のモデルでは、後輪のスパッツが廃止された。

• 開発の経緯

1958年に発表されたZiLのリムジン「111」は、当時のアメリカの流行をふんだんに盛り込んだデザインだった。ところが、アメリカの流行は変化が激しく、わずか数年で時代遅れになってしまった。1962年に大幅に外観を変更した改良型「111G」が急遽開発されたが、これもキャデラックのパクリだったために、すぐに陳腐化していった。

もうアメリカの流行に振り回されるのはこりごり。そう考えたZiLは、モデルチェンジ頻度があまり高くなかった欧州車に目を付けた。西ドイツからメルセデスベンツの600プルマン（W100）を輸入して研究し、次世代型リムジンの開発に備えることにしたのだ。フルシチョフが失脚してブレジネフがソ連の最高指導者となった1964年には、早くも新型リムジンの開発指令がZiLに下った。自動車産業に造詣の深いブレジネフは、あえてデザインや設計に口出しすることを避け、ZiLの設計局に自由に作業させたという。

• デザインと機構の特徴

こうして、1967年1月には十月革命50周年記念という名目で新型リムジン「114」がデビューした。全体的なシルエットは、メルセデスベンツから着想を得たと思われる直線的かつ角が目立つデザインとなった一方、顔つきなどはリンカーンを参考にしたことが伺える。車高を下げるためにシャシーのX型クロスメンバーは廃止され、閉断面のH型フレームとなった。平たく大きな車となり、不気味な威厳が漂う。

また、111時代の反省から、114ではメッキモールやテールフィンなど流行に左右されやすい装飾具が一掃された。ミニマリズムが当時の流行だったという側面はあるものの、これで外国の流行を常に意識する必要はなくなった。11年に及ぶモデルライフでは大幅なデザイン変更は行われず、更には次世代の「4104」の基礎ともなったことから、ある程度の普遍性を持ったデザインが確立されたといえるだろう。

後部座席の快適性確保にも余念がない。ラジオやエアコンはもちろん、座席ごとに位置やシートの硬さを調整できる機構や、分厚い断熱ガラスが装備された。前後席の仕切りも3層の遮音ガラスになっている。このような豪華な装備のせいで、車重は3tを上回った。

超重量級の巨体を動かすため、パワートレインには7.0LのV8エンジンが搭載された。111に搭載されたものをボアアップした改良型だが、シリンダーケースなどをアルミ合金製とすることで約100kgの重量削減に成功した。また、当初は111と同じ2速ATが搭載されていたが、新型エンジンの大トルクに耐え切れず故障が頻発したことから、1975年式以降は新開発の3速ATとなった。

また、114はソ連車では初となる四輪ディスクブレーキ搭載車でもあった。3トンの巨体を制御するため、英ガーリングのライセンスを受けたブレーキブースターが3重に設置されていた。

• ブレジネフの愛車117

1971年には、114のWBを短縮したセダン「117」がデビューした。要人車列に組み込む警護車両として開発されたが、快適装備は114と同様であったために重量は2.9tと重く、幅の広さも相まって取り回しが悪いとして、実際に警護車両として使用されることは稀であった。結局、共産党中央委員会の幹部候補などに支給され、利権の象徴となってしまった。

一説には、117はブレジネフが個人的な趣味のために作らせたとも言われている。ブレジネフのドライブ好きは有名で、強大なパワーを誇る114のV8エンジンを自ら楽しむべく、リムジンに比べて取り回しの良いセダンを開発させたというのだ。これは都市伝説のようなものだが、ブレジネフが117を気に入っていたのは事実のようで、自らハンドルを握って警護車両の列に溶け込んでいる姿が目撃されている。

特権階級の乗用車

ライトに角形のフレームが付く1971-78年式の後期型。同時にフロントグリルのデザインも変更された。

«114EA» 1972年にブレジネフが脳卒中を起こしたことをきっかけに開発された救急車。

«117» 114のSWBセダン版。警護車両として開発されたが、実用性はヴォルガやチャイカに劣っていた。結局、政治局員に支給される利権の象徴となり、アンドロポフ政権になると即座に使用禁止令が出されるに至った。

«117V» 117ベースの2ドアオープンカー。パレード用に少数生産された。

運転席。後席を広げ過ぎたせいで非常に狭く、ハンドルはチルトできるようになっていた。

★コラム　ソ連のロータリーエンジン

　1959年、西ドイツのNSUがロータリーエンジン（RE）を発表した。振動や騒音が少なく、部品点数も抑えられ、さらに高出力という夢のようなエンジンに世界中が注目した。マツダが1967年に自動車用REの実用化に成功したことで、ソ連も追随することを決めた。1973年にはVAZに特別設計局が開設され、ソ連での開発はここに一元化されることになった。マツダのRX-2（カペラロータリー）が輸入され、そのエンジンが徹底的に研究された。1975年には、1ローターエンジン「VAZ-301」が完成した。REの生みの親であるF. ヴァンケルも視察に訪れ、これを賞賛したという。翌年には、これを改良した「VAZ-311」をジグリに搭載した「21018型」が少数製造され、従業員などに支給されて実証実験が始まった。ところが、わずか半年で50台中49台のエンジンが故障してしまった。

　ローターの過負荷が原因と判明し、2ローター化した「VAZ-411」であれば比較的安定することが分かった。もっとも、走行1,000kmで1L近いオイルを消費し、燃費も良くて8.3km/L程度、さらにはオーバーホール頻度も高く、一般人民にとってはあまりに不経済だった。他方、維持費が国庫から出る政府機関にとってはその点は問題にならない。1速で90km/hに達し、180km/hで巡航できる運動性能は、KGBやGAIの追跡車両に打ってつけで、内務省からの注文によって411を搭載したジグリ「21019型」が年間200台程度生産されることになった。

　RE搭載車は、ソ連崩壊後のVAZ民営化によって一般販売されるようになった。しかし、その価格はレシプロエンジン仕様の倍額近く、よほどの物好きしか買おうとはしなかった。量販車としての需要は伸びず、2004年にVAZの特別設計局は閉鎖された。

ソ連製ロータリーエンジン				
型式	ローター数	生産開始年	最高出力	搭載車種
VAZ-311	1	1976	70hp	VAZ-21018（ジグリ/50台のみ）
VAZ-411	2	1978	115hp	VAZ-21019（ジグリ）
VAZ-411(M)	2	1980	120hp	VAZ-21059（ジグリ）
VAZ-411-01	2	1991	130hp	VAZ-21079（ジグリ）
VAZ-4132	2	1991	140hp	VAZ-21059（ジグリ）
				VAZ-21079（ジグリ）
VAZ-415	2	1997	140hp	VAZ-2108-91（スプートニク）
				VAZ-2109-91（スプートニク）
				VAZ-21099-91（スプートニク）
				VAZ-2110-91（110）
				VAZ-2115-91（サマーラ）
VAZ-413	2	1982	140hp	GAZ-32018（ヴォルガ/試作）
VAZ-421	2	1985	140hp	RAF-2915（ラトビア/試作）
VAZ-431	3	不明	210hp	GAZ-3201（ヴォルガ/試作）
VAZ-441	4	不明	280hp	GAZ-14（チャイカ/試作）
VAZ-1185	1	1987	42hp	VAZ-1111（オカ/試作）

《VAZ-311》
ソ連初の量産型1ローターエンジン。マツダ12Aに非常によく似ている。

《VAZ-411M》
内務省向けの2ローターエンジン。1991年式以降はインジェクション化されている。

ЗиЛ-4104
ZiL-4104

指導者の交代で顔が変わる巨大リムジン

《4104》 1978-82年式の前期型。メルセデスやキャデラックに倣い、グリルの押し出しで威圧感を与えるが、どうにも不自然な感は否めない。114の後継車種ということで、初期モデルには正式な型式とは別に「115」のバッジが付いていた。

車名	4104
製造期間	1978-2003年
生産台数	287台
車両寸法	
- 全長	6,339mm
- 全幅	2,088mm
- 全高	1,500mm
- ホイールベース	3,880mm
- 車重	3,400kg
駆動方式	FR
エンジン	ZiL-4104
- 構成	水冷V型8気筒OHV
- 排気量	7,695cc
- 最高出力	315hp/4,600rpm
- 最大トルク	62.0kgm/2,600rpm
トランスミッション	フロア3A/T
サスペンション (F/R)	ダブルウィッシュボーンコイル/リジッド縦置きリーフ
最高速度	190km/h
新車価格	非売品

ほぼ手作業で製造されたほか、出荷前に2,000kmの走行試験もなされ、納車まで6か月の期間を要した。

- **開発の経緯**

 1967年にデビューしたVIP専用リムジン「114」は、アメ車のパクリをやめて華美な装飾を極力減らしたことで、流行に左右されないスタイルとなった。しかし、それでも国家元首が10年間も同じ車を使い続けていては、社会主義陣営のリーダーたるソ連の威信が揺らいでしまう。そこで、114をベースとしつつ、内外装に手を加えた新型リムジンの開発がZiLに指示された。

- **デザインと機構の特徴**

 114は、ソ連車としては珍しくデザインや機構に大きな問題がなかった車種であり、新型リムジン「4104」は114の基本設計を踏襲することになった。装飾の少ないボディや、角張ったシルエットはほとんど変わらない。内装も、シート形状こそ違えど、基本的なデザインはそのまま受け継いでいる。外観上の相違点としては、フロントグリルが大型化されたほか、後部座席のVIPの頭部を保護するためにDピラーが拡大されたことが挙げられる。また、交通安全意識の高まりから、前後のバンパーが大型化し、車体側面も分厚くなって車幅がさらに広がった。

 後部座席の装備は、114よりも更に豪華になった。エアコンやラジオ、パワーウインドウだけでなく、テープレコーダーや通信設備も標準装備されるようになった。このような装備の莫大な電力消費に耐えられるよう、バッテリーは2つ搭載されていた。その他にも、信頼性を高めるため、点火システムや燃料ポンプ、オイルクーラーがそれぞれ二重に設置され、パンクしても160km/hでの走行が可能な分厚いタイヤが採用された。このような豪華装備をふんだんに盛り込んだ結果、車重は3.4tに達した。4104が樹立した「最も重い乗用車」のギネス記録は、2025年現在も破られていない。

 パワートレインには、114から引き継いだV8エンジンをDOHC化したものが搭載された。ストロークアップによって排気量も7.7Lに拡大されている。推奨燃料は95オクタンガソリンとされていたが、当時のソ連ではこのような高品質ガソリンは一般販売されておらず、4104のためだけに特別に納入されていた。

 4104は、十月革命60周年に合わせて1977年10月に製造が始まる予定だったが、翌年10月に先送りとなった。マイナーチェンジはほぼ最高指導者の代替わりごとに行われており、アンドロポフ政権下の1983年10月には「41045」が、ゴルバチョフ政権下の1986年1月には「41047」となった。もっとも、ゴルバチョフ政権は利権の象徴となる高級車をあまりよく思っていなかったことから、それ以降のモデルチェンジは行われなかった。ソ連崩壊によって需要は大幅に減ったが、細々と生産は続けられ、2002年に製造された最終生産車両はカザフスタンのナザルバエフ大統領に納入された。

- **よみがえった防弾車4105**

 1950年代のZiSは、暗殺に怯えるスターリンのために、110の防弾仕様車「115」を生産していた。他方、フルシチョフやブレジネフは積極的に人民の面前に立つことを好み、パレードでもオープンカーに乗ることが多かったことから、111や114には防弾仕様の設定がなかった。ところが、1969年1月にブレジネフの車列が銃撃される暗殺未遂事件が発生した。ブレジネフ本人は偶然その車両に乗っておらず難を逃れたが、防弾車の必要性が再認識されるきっかけとなった。

 開発期間は10年に及び、4104の防弾仕様車「4105」がクレムリンに納入されたのはブレジネフ死後の1983年1月だった。往年の115と同様、鋼鉄の装甲板にボディパネルを貼り付ける方式で、重量は5.1tに達した。防弾、防火、防爆などあらゆる面での耐久性には優れていたが、あまりの取り回しの悪さに多用はされず、シリーズを通して14台しか製造されなかった。

内装デザインはメーター以外 114 と変わらず、4104 シリーズを通して変更もされなかった。

《41045》 1982-85 年式の中期型。フロント周りのデザインが変わったが、その他はそのまま。

《41047》 1985-02 年式の後期型。ライトが車体側面まで回り込むメルセデスベンツ風のデザインに変更されたほか、三角窓が廃止された。ソ連崩壊後も、中央アジアの独裁国家などから根強い需要があった。

テールランプも、フロントと同じくウインカーが側面にはみ出している。

《41042》 要人向け救急車。ベース車両に合わせて顔は変わっていったが、車名はそのままだった。

«41051» 41045の防弾仕様車。火炎放射器や地雷、対戦車ライフル弾にも耐える設計となっている。

«41052» 41047の防弾仕様車。見た目は通常仕様と似ているが、Aピラーの内側や窓枠が太い。

«41047TB» ドイツのトラスコブレーメン社が設計した防弾車。値段が張りすぎて採用されなかった。

«41072» 立ち乗り用のステップ等が装備された警護車両。通称「スコルピオン」。

«41041» 1986年に追加されたSWBセダン。ソ連時代には需要がなかったが、民営化後はモスクワ市からの発注などにより細々と生産され、ZiL倒産時までカタログには載っていた。計26台が製造された。

特権階級の乗用車

«41044» 114Vの後継として設計されたパレード用のオープンカー。2009年までモスクワのパレードでも使用されていた。「115V」のエンブレムが付いており、車名は表記揺れがある。

«410441» 2008年に41044の後継として製造されたが、競争入札に破れてお蔵入りとなった。

ライト周りのデザインが奇抜で政府高官に不評だったことも競り負けた要因と言われている。

ライト類を41047風にした410441。最初からこの仕様ならこちらが採用されていたかもしれない。

«GAZ-SP45» GMCシエラベースで、410441の代わりに採用された。別名41041AMG。

第3章
オフロードカー

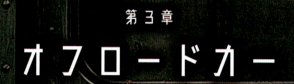
АВТОМОБИЛИ ПОВЫШЕННОЙ ПРОХОДИМОСТИ

自動車製造国の御多分に洩れず、ソ連におけるオフロードカー開発は軍事車両を目的として始まった。他方、広大な面積を占めるソ連の農村部において、泥や雪に覆われた未舗装路を踏破できる自動車は、生活の道具として渇望される存在でもあった。

ГАЗ-61
GAZ-61

設計は無茶だが技術獲得の立役者

《61-73》 11-73のクローズドボディを架装した全輪駆動の4ドアセダン。61シリーズの中で量産されたのは本車種のみとなっている。ピックアップトラック仕様の「61-415」も試作されたが、工場のキャパ不足で量産には至らなかった。

車名	61-73
製造期間	1941-1945年
生産台数	162台
車両寸法	
- 全長	4,800mm
- 全幅	1,770mm
- 全高	2,080mm
- ホイールベース	2,845mm
- 車重	1,320kg
駆動方式	F-AWD
エンジン	GAZ-11
- 構成	水冷直列6気筒 SV
- 排気量	3,485cc
- 最高出力	76hp/3,400rpm
- 最大トルク	21.5kgm/2,000rpm
トランスミッション	フロア 4M/T
サスペンション (F/R)	リジッド縦置きリーフ/リジッド縦置きリーフ
最高速度	107km/h
定員	400kg

《61-40》 フェートン仕様の試作車。型式としては単に「61」としか指定されていなかった。

1936年に4ドアセダン「M1」の量産を開始したGAZに与えられた次の任務は、軍用オフロードカーの開発だった。当時のアメリカやドイツでは、操舵輪も駆動する全輪駆動車が既に普及しつつあったが、ソ連では開発コストを渋り、駆動軸を増やすことに固執していた。その結果、M1を3軸化した試作車「M21」が製作されたが、肝心のオフロード能力はおろか、登坂能力すらおぼつかない有様だった（p.98参照）。1938年に3軸化計画は中止され、ついに全輪駆動車の開発が正式に許可された。

　全輪駆動車の参考資料として、米マーモン・ヘリントンがフォードV8をベースに製作した「LD2-4」が輸入された。最大の課題は、操舵輪用の等速ジョイントの調達であったが、アメリカ側からライセンスを拒否され、自力での開発、もといコピーを余儀なくされた。

　1939年の春に、M1ベースの全輪駆動車「61」が完成した。軍の指揮官による使用を想定していたことから、「11-40」のフェートンボディが架装され、走行試験に回された。40%の勾配や水深70cmの川を易々と渡り、泥濘や未踏雪での走破性は参考資料だったLD2-4よりも高かった。もっとも、冬期のテストでは防寒性の欠如が指摘され、以後はM1のクローズドボディが架装されることとなった。

　こうして、全輪駆動車「61-73」の量産が独ソ戦勃発後の1941年7月に始まった。ダッジ由来の直列6気筒エンジンを搭載し、ボディは11-73のものが流用された。前線における指揮官の移動などに使用されたが、高速走行時は車高の高さから転倒の危険があり、活躍場面はそれほど多くなかった。製造は200台にも満たなかったが、ここで蓄積された全輪駆動の技術は、ソ連版ジープ「GAZ-64」に活かされ、戦勝にも大きく貢献した。

《61-416》 61ベースの砲兵トラクター。M-42対戦車砲の牽引を想定していたが、等速ジョイントの耐久性の低さにより走行1,000km程度で故障し、結局36台しか製造されなかった。資料によっては「61-417」と呼ばれることもある。

ГАЗ-64/67
GAZ-64/67

突貫作業で生まれたソビエト・ジープ

«64» 64のフロントフェンダーは丸みを帯びており、リアオーバーフェンダーはない。試験が不十分なまま前線に投入され、横転事故が相次いだ。67/67Bのうち、フロントグリルが棒状なのは1943-48年式、プレス一体成型なのは1948-53年式。

車名	64	67/67B
製造期間	1941-1953年	1943-1953年
生産台数	672台	92,855台
車両寸法		
- 全長	3,350mm	
- 全幅	1,690mm	
- 全高	1,700mm	
- ホイールベース	2,100mm	
- 車重	1,320kg	
駆動方式	F-AWD	
エンジン	GAZ-64	
- 構成	水冷直列4気筒SV	
- 排気量	3,285cc	
- 最高出力	54hp/2,800rpm	
- 最大トルク	18.4kgm/1,400rpm	
トランスミッション	フロア4M/T	
サスペンション (F/R)	リジッド縦置リーフ/リジッド縦置リーフ	
最高速度	90km/h	
最大積載量	450kg	

　1940年12月、米陸軍が開発中の小型四輪駆動車「ジープ」に関する情報がソ連軍にもたらされた。冬戦争でオフロードに苦しんだ経験から、軍は似たような車両を開発するようGAZに命じた。開発はわずか51日という短期間で行われた。試験段階では様々な問題が噴出したが、独ソ戦の勃発で改修の余裕はなく、1941年7月には量産体制に入った。1943年3月には、他車種との部品共通化をより進め、寸法も変更されて「67」に、同年9月には、トランスミッションや足回りを強化した「67B」にアップデートが図られた。

ГАЗ/УАЗ-69
GAZ/UAZ-69

東側世界の標準装備となった小型オフロード

«UAZ-69» 2ドア仕様が「69」、1951年に追加された4ドア仕様が「69A」。ハードトップ仕様の「19」も開発が進められていたが、GAZの生産能力の問題でお蔵入りとなった。GAZ製とUAZ製の違いは、ボンネットの刻印で識別できる。

車名	69
製造期間	1953-1972年
生産台数	634,285台
車両寸法	
- 全長	3,850mm
- 全幅	1,750mm
- 全高	1,920mm
- ホイールベース	2,300mm
- 車重	1,525kg
駆動方式	F-AWD
エンジン	GAZ-69
- 構成	水冷直列4気筒 SV
- 排気量	2,120cc
- 最高出力	55hp/3,600rpm
- 最大トルク	13.0kgm/2,000rpm
トランスミッション	フロア 3M/T+副
サスペンション (F/R)	リジッド縦置きリーフ/リジッド縦置きリーフ
最高速度	90km/h
最大積載量	500kg

1947年4月、67Bの後継モデルとなる軍用オフロードカーの開発指令がGAZに下った。67Bの欠点だった積載能力の向上が図られ、1953年8月に「69」の量産が開始された。試験期間の短縮や供給体制の安定を図るべく、多くの部品が既存車種から流用された。当時のソ連では、普通車サイズのオフロードカーが69しか存在しなかったことから、軍だけでなく警察や消防、集団農場などでも重宝された。市民経済の発展に伴う需要の増加への対応として、1954年12月以降はUAZでも製造が始まり、東側諸国への輸出もされた。

UAZ-469

УАЗ-469

40年間製造が続いた長寿オフロードカー

«469B» 469と3151に外見上の違いはほとんどなく、細部パーツの変更も1978年頃から順次導入されていったため、外観で区別するのは困難。派生車種として、ギアや足回りを簡素化した民生仕様「469B/31512」、救急車「469BG/3152」などのほか、ソ連崩壊後にはハードトップ仕様「31514」、LWB仕様「3153」も追加された。

車名	469
製造期間	1972-2013年
生産台数	1,800,000台以上
車両寸法	
- 全長	4,025mm
- 全幅	1,805mm
- 全高	2,015mm
- ホイールベース	2,380mm
- 車重	1,650kg
駆動方式	F-AWD
エンジン	UMZ-469
- 構成	水冷直列4気筒 OHV
- 排気量	2,445cc
- 最高出力	75hp/4,000rpm
- 最大トルク	17.0kgm/3,000rpm
トランスミッション	フロア4M/T+副
サスペンション (F/R)	リジッド縦置きリーフ/リジッド縦置きリーフ
最高速度	120km/h
最大積載量	750kg

69の製造が開始されてから2年後の1955年には、早くも次世代の軍用小型車両の開発が始まった。1964年には最終決定版が完成したが、エンジンを供給していたZMZの生産能力が不足していた上、ライン新設の予算が付かず、量産開始は遅れることになった。新型車「469」の量産は、1972年12月に開始された。シンプルな構造と耐久性の高さは評価が高く、東側諸国や未舗装道路の多い第三世界にも積極的に輸出された。1985年5月には改良型「3151」となり、民生仕様も拡充されてソ連崩壊後も長らく生産が続いた。

УАЗ-3160
UAZ-3160

政府に裏切られたソビエト・ランクル

«3160» 標準モデルの5ドアSUV。2000年に追加されたLWB仕様「シンビル（3162型）」には一定の需要があったために首の皮一枚で製造が続き、2005年のフェイスリフト版「パトリオット（3163型）」へと繋がった。

車名	3160
製造期間	1997-2003年
生産台数	約9,200台
車両寸法	
- 全長	4,315mm
- 全幅	2,020mm
- 全高	1,948mm
- ホイールベース	2,400mm
- 車重	2,000kg
駆動方式	F-AWD
エンジン	UMZ-421
- 構成	水冷直列4気筒OHV
- 排気量	2,890cc
- 最高出力	115hp/4,000rpm
- 最大トルク	19.3kgm/2,500rpm
トランスミッション	フロア5M/T+副
サスペンション(F/R)	リジッドコイル/リジッド縦置きリーフ
最高速度	150km/h
最大積載量	600kg

1980年代初頭、世界的なSUVブームの到来を受けて、UAZでは469の後継となる軍用車とプラットフォームを共有する民生SUVの開発が始まった。VAZの協力も得て設計が行われ、「ソ連版ランクル」として新たな外貨獲得源となる予定だった。ところが、開発中にソ連が崩壊し、混乱に陥ったロシア政府からは新型軍用車の発注が行われず、民生版の「3160」のみが量産されることになった。財政状況が芳しくないUAZは製造ライン拡張のための投資ができず、3160は「高価な上に納期も長い」として市場から見放された。

オフロードカー

УАЗ-450/452/3741
UAZ-450/452/3741 «Буханка»

《 ブハンカ 》

半世紀を超えて愛されるオフロードバン

《3741》 ベースモデルのパネルバン（フルゴン）。450 → 452 → 3741 と進化する。サイドとリアの窓や室内パーティションの有無は購入時に選択できる。派生車種として、9-11 人乗りのミニバス（450V/452V/2206）、座席と荷室を半々にしたコンビ（3909）などがある。

車名	450	452/3741
製造期間	1958-1967 年	1965 年 - 現在
生産台数	55,319 台	不明
車両寸法		
- 全長	4,360mm	4,363mm
- 全幅	1,940mm	1,940mm
- 全高	2,070mm	2,064mm
- ホイールベース	2,300mm	2,300mm
- 車重	1,595kg	1,720kg
駆動方式	F-AWD	
エンジン	UAZ-450	ZMZ-21
- 構成	水冷直列 4 気筒 SV	水冷直列 4 気筒 OHV
- 排気量	2,446cc	2,445cc
- 最高出力	62hp/3,800rpm	70hp/4,000rpm
- 最大トルク	15.2kgm/2,000rpm	17.0kgm/2,200rpm
トランスミッション	フロア 3M/T+ 副	フロア 4M/T+副 / 5M/T+副
サスペンション (F/R)	リジッド縦置きリーフ / リジッド縦置きリーフ	
最高速度	90km/h	127km/h
最大積載量	750kg	1,000kg

《3962》 救急車。ルーフ前部にサーチライトが装備される。450A → 452A → 3962 と進化する。

GAZで製造されていた軍用の小型四輪駆動車69は、兵員輸送や悪路走破における性能は評価が高かった。しかし、機関銃などの装備を設置するためにオープントップだったことから、物資や負傷者の輸送には不向きだった。そこで、1955年に69のハードトップ版「19」が試作されたが、GAZでは生産能力に限界があり、量産に至らずお蔵入りとなってしまった。

　UAZに69の製造が移管されたと同時に、ハードトップ化のプロジェクトも引き継がれた。荷台の容積を高めるために、69をベースとしつつエンジンの上部に運転席を配置するキャブオーバー型の四輪駆動パネルバンが設計された。これにはUAZ初のオリジナル車種として「450」という型式が与えられ、1958年4月に量産が開始された。

　1965年3月には、シャシーと足回りを強化して積載量を増やし、新型エンジンも搭載した改良型「452」となった。この時にフロントグリルが台形に変更された。1985年1月には、エンジンの変更と安全装備などをECEの基準に適合させるための改良が行われ、型式が「3741」となった。外観では灯火類が変更されたが、452時代から順次導入されたため、年式特定の手掛かりにはならない。

　この一連のシリーズは、軍用車としての納入が主で、ソ連時代には一般販売されていなかったが、地方部では物資輸送車や救急車としても使用され、人民にとっては身近な存在だった。四角い見た目と屋根のプレスラインから、ロシア語で食パンを意味する「ブハンカ（Буханка）」という愛称で呼ばれることも多い。現代の自動車と比べると古めかしい車だが、構造の単純さと耐久性の高さから根強い需要があり、2025年現在も製造が続いている。旧ソ連圏はもとより、西側諸国でもカルト的な人気を誇っており、日本にも少数ながら輸入されている。ソ連・ロシア車の筆頭格ともいえる存在だろう。

«450A»　ブハンカシリーズの最初期モデル「450」の救急車仕様。

«451DM»　1961-82年に製造された都市向けの後輪駆動版「451」の最終型。

«3303»　積載800〜1,000kgのトラック。450D → 452D → 3303と進化する。

«2411P»　2004年からZVM社で製造されている無限軌道装備車。湿地帯や豪雪地域で活躍する。

オフロードカー

ЛуАЗ-969/1302

LuAZ-969/1302

«Волынь»

《 ヴォリーニ 》

用途が特殊すぎたソ連初の民生オフロード

《969A》 エンジンが1.2Lになった1975-79年式モデル。外観では、幌に窓が付けられ、スペアタイヤが車外に移設された。一連のシリーズは、LuAZの工場が置かれたウクライナ西部の古名から「ヴォリーニ（Волынь）」という愛称で呼ばれることもある。

車名	969	1302
製造期間	1967-1992年	1992-2002年
生産台数	約30,000台	
車両寸法		
- 全長	3,370mm	
- 全幅	1,640mm	
- 全高	1,790mm	
- ホイールベース	1,800mm	
- 車重	970kg	
駆動方式	F-AWD	
エンジン	MeMZ-969	MeMZ-245
- 構成	空冷V型4気筒OHV	水冷直列4気筒SOHC
- 排気量	877cc	1,091cc
- 最高出力	30hp/4,200rpm	53hp/5,300rpm
- 最大トルク	7.1kgm/2,700rpm	8.2kgm/3,600rpm
トランスミッション	フロア4M/T+副	
サスペンション (F/R)	トレーリングアームトーションバー / トレーリングアームトーションバー	
最高速度	75km/h	95km/h
最大積載量	400kg	

テールゲートは折り畳み式となっている。ベースが軍用車だけに実用一辺倒で飾り気はない。

1950年代中頃、ソ連軍の空挺部隊向けに兵員輸送を担う水陸両用の小型車両の必要性が提起された。国防省から要求された車体のサイズが965型ザポロージェツに近かったことから、開発はNAMIとZAZが担当し、エンジンもMeMZ製の空冷V4エンジンを使うことになった。しかし、ZAZの工場には新型車の製造ラインを増設する余裕がなかったため、ウクライナ西部のルーツィク機械製造工場（LuMZ）に製造が移管された。この水陸両用車は「967」と名付けられ、1965年に量産が開始された。これを機に、LuMZはルーツィク自動車工場（LuAZ）と改名された。

　他方、NAMIは水陸両用車と並行して、民生用の小型オフロードカーの研究も行っていた。車体構造が近かったことから、これも開発はZAZに移管され、1967年11月には967を民生化したモデルとして「969V」が発売された。

　969Vは、967と同じくモノコックボディに空冷V4エンジンを搭載していたが、オフロード性能を重視して車高が上げられ、代わりに水上走行機能がなくなった。本来は4WDとなる予定だったが、リアアクスルの開発が間に合わず、前輪駆動だった。ソ連車としては初のFF採用車だったが、オフロード走行には向かず、生産は小規模にとどまった。本命である4WD版の「969」が量産体制に入ったのは、1971年2月のことだった。

　969シリーズは、ソ連初の一般販売される専用設計のオフロードカーだったが、価格は5,200ルーブルで、モスクヴィッチよりも高額だった。さらに、ザポロージェツ用に開発された空冷エンジンにとって969の車重は過負荷で、走行時の振動や騒音が凄まじかったうえ、6万km毎のオーバーホールも必要だった。軍からの需要のおかげで、マイナーチェンジを受けながら製造は続いたが、農村人民のアシとして普及するにはほど遠い状況だった。

«969M» 1979年発売の改良型。安全性や快適性は多少向上したが、需要はニーヴァに奪われた。

«1302» 1990年発売の改良版で、タヴリヤの水冷エンジンが搭載された。グリル穴の増設が識別点。

«ZCE-ヴィルク» ポーランドのツェルマ電動工具工場（ZCE）でライセンス生産されていた1302。

«967M» 969と姉妹関係の水陸両用車。少数ながら民間に販売された例もある。

ГАЗ-M72
GAZ-M72

乗用車とトラックを融合したキメラ SUV

«M72» M20 型とは別車種の扱いで「ポベーダ」という車名は与えられず、専用品の「M72」のバッジが装備された。フロントガラスのウォッシャーは、ソ連車としては初搭載のアイテムだった。

車名	M72
製造期間	1955-1958 年
生産台数	4,677 台
車両寸法	
- 全長	4,665mm
- 全幅	1,695mm
- 全高	1,790mm
- ホイールベース	2,712mm
- 車重	2,040kg
駆動方式	F-AWD
エンジン	GAZ-20
- 構成	水冷直列 4 気筒 SV
- 排気量	2,112cc
- 最高出力	52hp/3,600rpm
- 最大トルク	12.7kgm/2,000rpm
トランスミッション	フロア 3M/T+ 副
サスペンション (F/R)	リジッド縦置きリーフ / リジッド縦置きリーフ
最高速度	90km/h
最大積載量	450kg

ソ連の自動車登録規則上は乗用車に分類されていたため、トラック扱いの 69 と異なり個人所有も可能だった。

1950年代になると、ソ連都市部の戦災復興は一段落し、地方部の振興にも目が向けられるようになった。地方部には、未舗装路や豪雪で普通の乗用車の使用が困難な地域も多かった。そのような道なき道を踏破できるのは、GAZ-69のような軍用車だけで、本来であればポベーダが支給されるはずの地区党委員会やコルホーズ議長などからは不満の声も出ていた。

　フルシチョフ政権になった1954年、彼らの声はようやく聞き入れられ、乗用車ベースのオフロードカーの開発がGAZで始まった。新規車種を一から開発する余裕はなかったことから、既存車種の組み合わせ、すなわちポベーダと69を合体させた車を作る方針となった。

　しかし、ポベーダはモノコックの乗用車、69はラダーフレームの本格オフローダーである。あまりに性格の異なる2車種の合体は困難を極めた。69の頑強で重い足回りや駆動系を搭載するには、ボディのフロアパーツの一部を除去しなければならなかった。これによって失われた剛性を取り戻すため、フロアやサイドメンバーなど14箇所に補強が追加され、エンジンのサブフレームも新設計された。これらのおかげで、ねじり剛性はポベーダより50%上がった。また、重量増加への対応策として、エンジンの圧縮比が高められて3hp増加し、オイルクーラーも装備された。

　こうして、1955年9月に乗用オフロードカー「M72」がデビューした。一般購入も可能だったが、農村地域の党委員会幹部クラスの公用車として支給が主だった。だが、M72は特殊な構造ゆえに製造コストが非常に高く、導入費用や維持費用も高額であったことから、裕福でない地方部では手に負えないことも多かった。結局、これらの地域における役人の移動には、69の4ドア仕様である69Aが使用されるようになった。M72はポベーダの製造終了とともにカタログ落ちし、後継車種も製造されなかった。

《24-95型》 24型ヴォルガベースのオフロードカー。M72の設計手法を踏襲し、駆動系はUAZ-469のものを使用している。1974年に5台が製造されたが、量産はされなかった。ブレジネフの趣味のためだったとする説が有力。

オフロードカー　161

MZMA-410

Москвич

モスクヴィッチ

フルシチョフ肝煎りの魔改造 SUV

《410N型》 1957-58年式は402型ベースの「410型」、1958-61年式は407型ベースの「410N型」となる。防錆のためサイドモール類は省略されており、両者の外見的な差異はない。

車名	410型
製造期間	1957-1961年
生産台数	8,615台
車両寸法	
- 全長	4,055mm
- 全幅	1,540mm
- 全高	1,683mm
- ホイールベース	2,377mm
- 車重	1,170kg
駆動方式	F-AWD
エンジン	MZMA-402
- 構成	水冷直列4気筒SV
- 排気量	1,220cc
- 最高出力	35hp/4,200rpm
- 最大トルク	7.0kgm/2,400rpm
トランスミッション	フロア3M/T+副
サスペンション (F/R)	リジッド縦置きリーフ/リジッド縦置きリーフ
最高速度	90km/h
最大積載量	300kg

《411型》 410N型のステーションワゴン版。1,515台が製造された。

・開発の経緯

　ソ連国土の大半を占める農村部や広大な森林地帯には、舗装道路が通っていない地域が多数存在した。このような地域の物流は、軍用車両である GAZ-67B や 69、四駆トラック GAZ-63、あるいは伝統的な馬車などが担ってきた。だが、これらの自動車はいずれも一般販売されておらず、乗り心地も度外視されていたことから、森林地帯の悪路を走破できる四輪駆動の乗用車の登場はかねてから望まれてきた。

　1950 年代後半になると、地方部の振興にも目が向けられるようになった。フルシチョフは、直々に GAZ にオフロード向けの乗用車を開発するよう指示し、1955 年にはポベーダをベースとする「M72」が誕生した。GAZ では、同時に一般人民向けの小型オフロード車「M73」も新規開発していたが、生産能力の限界で量産はできなかった。

　そこで、フルシチョフは MZMA の主任設計者であったアンドロノフを呼び出し、M73 をブラッシュアップして一般人民向けのオフロード車を開発するよう指示した。与えられた猶予はわずか 10 日間だったという。

・デザインと機構の特徴

　アンドロノフはあまりに非現実的な開発期間に慌てたが、スターリンの恐怖政治の記憶が新しい 1955 年においては、最高指導者の命令は何が何でも完遂せねばならない絶対的なものだった。そこで、新規の技術開発は極力行わず、既存のパーツを組み合わせてオフロード車を作ることになった。

　ボディとエンジンは、翌 1956 年から量産開始予定となっていた 402 型モスクヴィッチのものを流用することにした。だが、問題は駆動と足回りである。MZMA では四輪駆動車の製造経験がなく、工場内にあるパーツでは対応できなかった。そこで、アンドロノフは GAZ の主任設計者ボリソフに協力を要請した。この二人は 1950 年代初頭に MZMA で同僚の関係にあり、ボリソフがモスクヴィッチの品質不良の責任を問われて粛清されかけた際にアンドロノフがかばって一命を取り留めたこともあった。ボリソフはこの恩もあって協力を快諾し、GAZ の技術者数人が MZMA に派遣され、昼夜を問わず開発作業が進められた。

　こうして、402 型モスクヴィッチの車高を 220mm 上げ、四輪駆動化した「410 型」の試作車が完成した。GAZ の協力のおかげで、ドライブアクスルとトランスミッションは M73 から、タイヤとホイールは 69 から（製品版では独自サイズに変更）、ショックアブソーバーはポベーダと M72 からそれぞれ流用された。もちろん悪路走破性能も備えており、水深 550mm の水溜まり、高さ 300mm の雪、25 度の傾斜も踏破できることになっていた。

・魔改造の代償

　期限通りに完成した 410 型を見たフルシチョフは満足し、1 年間のテストを経て、1957 年 3 月に量産体制に入った。年間 2,000 台程度の少数生産だったが、待望の民生オフロードカーの登場に地方在住の人民の期待は高まった。

　しかし、ベースの 402 型はあくまでもオンロード用の乗用車として設計されたもので、無理矢理に車高を上げて四輪駆動にした 410 型は魔改造に等しかった。オフロードを走るには明らかに車体剛性が不足しており、流用パーツだらけの駆動系は異音や故障が頻発、さらには重心が高すぎて横転事故も相次いだ。取扱説明書にも「悪路での使用禁止」と書かれる始末で、存在意義が疑われる事態となった。

　結局 410 型は 1961 年 1 月には製造中止となり、オフロード用にシャシーから専用設計された新型車の開発が進められた。だが、慢性的な需要過多を抱えた MZMA の製造ラインは、圧迫されており、新型車に割く余裕はなかった。外貨獲得という国家目標のために地方人民の生活は後回しにされ、彼らは VAZ ニーヴァの登場まで待たねばならなかった。

ВАЗ-2121
VAZ-2121

Нива

ニーヴァ

西側に衝撃を与えた大衆 SUV の新星

《2121型》 1977-95年式の初期型。ジグリ2106型とほぼ同型の1.6Lエンジンを搭載していた。輸出向けには、節税仕様の1.3Lエンジン搭載モデル（21211型）もあった。多くの部品をジグリと共用にすることで、製造コストだけでなく維持費の低減も実現した。

車名	2121型	
製造期間	1977年 - 現在	
生産台数	2,500,000台以上	
車両寸法		
- 全長	3,740mm	
- 全幅	1,680mm	
- 全高	1,640mm	
- ホイールベース	2,200mm	
- 車重	1,285kg	
駆動方式	F-AWD	
エンジン	VAZ-2121	VAZ-21213
- 構成	水冷直列4気筒SOHC	水冷直列4気筒SOHC
- 排気量	1,578cc	1,690cc
- 最高出力	80hp/5,200rpm	76hp/5,200rpm
- 最大トルク	12.5kgm/3,400rpm	13.0kgm/3,400rpm
トランスミッション	フロア4M/T+副	フロア5M/T+副
サスペンション (F/R)	ダブルウィッシュボーンコイル/リジッドコイル	
最高速度	130km/h	137km/h
最大積載量	325kg	400kg

初期型のリアハッチ開口部は高く、荷物の出し入れに不便だった。テールランプは2106型ジグリと共用。

- **開発の経緯**

　自然環境の厳しいソ連の地方部では、1950年代になっても未舗装路が多く、豪雪や泥濘で普通の乗用車が通行できないことも多かった。1957年には、このような地域向けにMZMAがモスクヴィッチを無理矢理4WD化した「410型」を作ったが、設計上の無理が祟ってわずか5年で生産は終了してしまった。その後、MZMAでは専用設計の民生オフロードカーの開発が続けられたが、予算不足も影響して政府からは見放されたような状況が続いた。

　ところが、1960年代後半になると、ジープ・ワゴニアやランドローバー・レンジローバーが登場し、SUVという新たなジャンルが開拓された。これらはいずれも高級車だったが、ソ連政府は、悪路走行が可能な乗用車というコンセプトは大衆車クラスでも需要があると踏んだ。新たな外貨獲得源になるとともに、地方部の人民のアシにもなる、まさに一石二鳥の妙案だった。

　西側市場でも評価される洗練された車を作るべく、ソ連政府は競争原理を取り入れることにした。1970年4月、AZLK、Izh、VAZの3工場に新型SUVの試作車を作るよう指示し、最も優秀なものを量産することとされた。1973年にはそれぞれの試作車が出揃った。だが、AZLKはモスクヴィッチの生産に手一杯で新車種を製造する余裕はなかったために脱落、Izhも国防産業省が設備投資に難を示したために脱落し、結局は消去法で残ったVAZがSUV開発の任務を引き受けることになった。

- **デザインと機構の特徴**

　こうして、1977年4月に新型SUV「2121型」がデビューした。ロシア語で畑や耕作地を表す「ニーヴァ」という販売名も与えられた。発売当初に設定されていたのは3ドアハッチバックのみで、当時のSUVにありがちな軍用車的な荒々しさはなく、まるで普通の乗用車のような質素なデザインだった。内装も副変速機とデフロック用のレバーがある以外はジグリとほぼ共通で、日常使用ができる仕様になっていた。

　大衆向けというコンセプトから、徹底したコスト低減策が講じられ、ジグリをベースとしたモノコックボディやジグリと共用の前輪独立懸架が採用された。当時のSUVは、ラダーフレームに車軸懸架というのが定石であったことから、ニーヴァの登場は西側メーカーにも衝撃を与えた。これだけ見ると、いわゆる「なんちゃってSUV」のようだが、ニーヴァは持ち前の軽さとフルタイム4WDの威力を発揮してヘビーデューティにも対応していた。試験段階では、深さ340mmの雪道や泥濘、勾配58％の未舗装路も易々と踏破し、その成績は比較として持ち込まれたUAZやランドローバーよりも優秀だった。

　エンジンは、2106型ジグリのものとほぼ構造は同じだが、フロントデフを避けるためにオイルパン等数種類のパーツ形状が変更されている。

- **ソ連車屈指の大ヒット作**

　ようやく登場した本格的な民生SUVにソ連人民は喜んだ。だが、その価格は9,000ルーブルとヴォルガに匹敵し、本来のターゲットだったはずの地方部の人民に行きわたるのはソ連崩壊後のことだった。

　大衆向けの本格SUVというコンセプトは世界初であったことから、ニーヴァは西側市場でも広く受け入れられ、100ヶ国を超える市場で販売された。特に、1979年の冬は欧州全域で降雪が多く、安価で普段使いも可能ながら悪路も走破できるニーヴァの有用性が広く知らしめられた。1981年には日本にも上陸し、ソ連時代に日本に正規輸出された唯一の車種となった。登場から数年間はライバル不在の状況であったことから、各国の市場で猛威をふるい、西側メーカーはこぞって大衆向けのSUVを開発しだすことになった。このような人気のせいで、生産台数の8割が輸出に回されており、そのしわ寄せはとてつもなく長い納期としてソ連人民が負担していた。

«21213型» 1993年発売の改良型。新開発の1.7Lエンジンが搭載された。リアのデザインも変更され、ハッチが大きくなって利便性が向上した。堅牢な構造は現代の安全基準にも適合しており、西側諸国でも硬派なオフロードカーとしてカルト的人気を得ている。

«21214型» 2006年発売のインジェクション仕様。2025年現在も現行の長寿モデル。

«4×4» GMとの合弁会社に商標権を独占されたため、2016-20年式は「4×4」という車名だった。

«2131型» 1993年に発売された5ドア版。WBが500mm延長されている。

«2329型» 1997年発売のエクストラキャブピックアップ。シングルキャブ版（2328型）もある。

《212182型》 現金輸送用の防弾車。LWB と後部のハイルーフ化が特徴。

《ニーヴァ T3》 1995 年のパリ - 北京ラリー出場車。海外ラリーにも積極的に参加していた。

《VIS-2346》 VAZ の子会社製のトラック。ボディを切断してサブフレームを溶接している。

《BDtT4M》 ニーヴァを 12 輪化した謎車。何を食べたらこんなものを思いつくのか。

《アンテル》 2000 年に発表された水素燃料電池車。酸素ボンベを積むため荷室は失われた。

《ボーラ》 南米市場向けのジープ風カスタム。製品化には至らなかった。

《2122型》 ニーヴァベースの軍用水陸両用車。量産一歩手前だったが、予算が確保できずお蔵入りに。

《2123型》 2002 年発売の新型ニーヴァ。2020 年まではシボレーブランドで販売されていた。

オフロードカー

民生オフロードカーの試作車たち

道路状況が悪い地方部への自動車供給は、常にソ連の自動車業界の課題だった。何度も試作車が作られては生産能力の問題でお蔵入りとなり、都市部偏重思考の役人たちは課題解決を真剣に考えることはなかった。

©Україна За кермом

«GAZ-M73» 農業機械がコルホーズにも普及するようになると、機械修理工を派遣する際のアシの確保が問題となった。M72 や 69 では、修理工 1 人と 100kg 程度の工具を載せるにはオーバースペックだった。1954 年には、小型 SUV「M73」の開発が始まり、2 ドアセダンとピックアップの 2 種類が急ピッチで試作された。WB が 2,000mm という小柄な車体で重量を 1t に抑え、大径タイヤと四輪駆動によって M72 を上回る悪路走破性能を実現した。しかし、当時の GAZ の製造ラインには余裕がなくお蔵入りとなった。

«MZMA-415/416» 410 型モスクヴィッチの失敗から、MZMA は乗用車をオフロード化することの限界を知った。再設計にあたり、大戦中にアメリカから提供されたウィリス MB が着目された。軍民共用型の車両であれば、製造ライン新設の予算も通りやすくなるとの思惑があったようだ。1958 年秋には、外観はジープながらモスクヴィッチのパーツを流用した試作品が完成した。翌年には修正版の「415 型」に発展し、ハードトップ仕様の「416 型」も試作されたが、軍が要求する耐久性や積載性を満たせずお蔵入りとなった。

«AZLK-2150» 1970 年、自動車産業省は SUV ブームを商機とみなし、低価格の小型オフロードカーの設計を AZLK、VAZ、Izh の 3 工場に命じた。AZLK はお蔵入りとなっていた 415 型を改良して西側の安全基準に適合させた「2150 型」を提示した。3 工場の試作車では唯一の伝統的なラダーフレーム採用車で、本格派オフローダーとして軍事転用が容易との利点があった。しかし、省は西側市場に売り込むために先進性を重視しており、加えて AZLK の生産能力の問題から 2150 型が日の目を見ることはなかった。

«Izh-14» Izh の若手デザイナーは、1960 年代末に国防産業省の指示を受けず独自に SUV の試作車「5」を設計していた。1970 年に自動車産業省の要請で正式に SUV の開発指示が下り、設計局は大喜びで作業を開始した。1972 年には試作車「14」が完成した。モスクヴィッチのエンジンやパーツをできる限り流用し、モノコックボディの採用で部品点数も抑えた。しかし、走行試験の結果はニーヴァに劣り、さらに国防産業省は新型戦車の製造準備に忙しく、乗用車の製造に回せる予算を確保するのは困難だった。

第4章
トラック

АВТОМОБИЛИ ГРУЗОВЫЕ

民間の輸送から軍事まで幅広く活用されるトラックは、ソ連の自動車産業における核心的要素であり、乗用車やバスに優先して生産リソースが分配された。実用一辺倒で快適装備などはほとんどなかったが、国家の共有財産として人民にとっても身近な存在だった。

AMO-Ф15
AMO-F15

どさくさに紛れてコピーした初の国産自動車

《F15》 ベースモデルのトラック。赤色に塗装されたのは初期ロットの数台のみで、以降はほとんどが緑色だった。シャシーを流用して、バス、救急車、軍用フェートン、装甲車（BA-27）など12種類に及ぶ車種が製造された。

車名	F15
製造期間	1924-1931 年
生産台数	6,971 台
車両寸法	
- 全長	4,550mm
- 全幅	1,760mm
- 全高	2,550mm
- ホイールベース	3,070mm
- 車重	1,920kg
駆動方式	FR
エンジン	AMO-F15
- 構成	水冷直列 4 気筒 SV
- 排気量	4,396cc
- 最高出力	35hp/1,400rpm
- 最大トルク	18.5kgm/1,200rpm
トランスミッション	フロア 4M/T
サスペンション (F/R)	リジッド縦置きリーフ / リジッド縦置きリーフ
最高速度	42km/h
最大積載量	1,500kg

　帝政時代の1916年、ロシア政府は実業家と共同してモスクワ自動車会社（AMO）を設立した。そこでは、フィアットのトラック「15」をライセンス生産することになっていたが、革命の発生で工場建設は進まず、イタリアから輸入した部品を使って少数のノックダウン生産が行われた。ロシア内戦終結後に工場建設が再開され、1924年には、フィアットから受け取っていた図面を勝手に使ってコピー品の製造が開始された。タイヤ以外の部品は国産で、これがソ連初の量産自動車となった。品質や乗り心地は悪く、5年で製造は中止された。

AMO-2/3

アメリカから買い付け、勝手に国産化

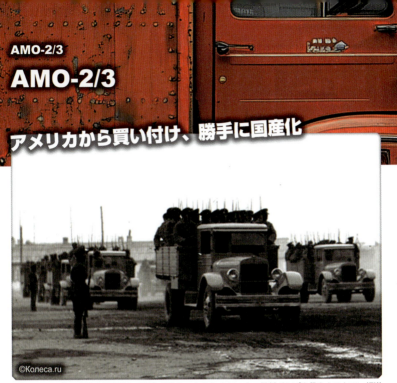

《3》 1931年に部品を国産化して製造が始まった2.5tトラック。燃料ポンプを備えたことで、坂道で停止することもなくなった。1934年には、ホイールベースを4,420mmに拡張した「4」の製造も始まり、多くはバスや消防車として架装された。

車名	2	3
製造期間	1930-1931年	1931-1933年
生産台数	1,715台	35,812台
車両寸法		
- 全長	5,950mm	
- 全幅	2,140mm	
- 全高	2,260mm	
- ホイールベース	3,810mm	
- 車重	2,800kg	2,840kg
駆動方式	FR	
エンジン	Hercules-WXB	AMO-3
- 構成	水冷直列6気筒SV	水冷直列6気筒SV
- 排気量	4,882cc	4,882cc
- 最高出力	54hp/2,400rpm	66hp/2,400rpm
- 最大トルク	25.0kgm/?rpm	25.0kgm/?rpm
トランスミッション	フロア4M/T	
サスペンション(F/R)	リジッド縦置きリーフ/リジッド縦置きリーフ	
最高速度	52km/h	50km/h
最大積載量	2,500kg	2,500kg

F15の後継として、ソ連政府は米オートカーから2.5tトラック「ディスパッチSA」の組み立てキットを購入し、1930年10月にAMOで「2」として製造を開始した。しかし、海外製キットの購入を続けていては、外貨がどんどん流出するし、技術習得も遅れてしまう。これらを懸念した政府の方針により、契約は2,000台で打ち切られた。1931年11月には、勝手に部品を国産化して車名も「3」となった。ソ連軍の主力トラックに採用され、工場も拡張して生産数は15倍近く増えたが、品質は低く耐用期間も短かった。

ZiS-5

ЗиС-5

戦勝に貢献した国民的中型トラック

«5» 1941年の工業疎開により、モスクワの本家 ZiS だけでなく、ウリヤノフスクの「UlZiS」、ミアスの「UralZiS」の各工場でも製造された。UralZiS では戦後しばらくも製造が続き、1947年以降はグリル上の刻印が独自のものになった。

車名	5
製造期間	1933-1948 年
生産台数	585,095 台
車両寸法	
- 全長	6,060mm
- 全幅	2,235mm
- 全高	2,160mm
- ホイールベース	3,810mm
- 車重	3,100kg
駆動方式	FR
エンジン	ZiS-5
- 構成	水冷直列6気筒 SV
- 排気量	5,550cc
- 最高出力	73hp/2,300rpm
- 最大トルク	28.4kgm/1,200rpm
トランスミッション	フロア 4M/T
サスペンション (F/R)	リジッド縦置きリーフ/リジッド縦置きリーフ
最高速度	60km/h
最大積載量	3,000kg

AMO の 2.5t トラック「3」の初期不良や品質は次第に改善されていったが、積載量やパワーの不足といった構造的な問題は解決されなかった。そこで、1933年6月に改良型「5」がデビューした。工場名が ZiS に変更されてから初の新型車であった。積載量を 3t に増加し、エンジンもボアアップによって出力が上がった。諸外国のトラックと比べて優れたものではなかったが、悪路走破性や耐久性、整備性の良さは評価が高かった。独ソ戦では GAZ-AA と並び赤軍の主力トラックとして活躍し、英雄的車種と扱われることも多い。

«5V» 1943年以降は、物資不足のために簡略化された戦時体制モデル「5V」となった。キャビンは木製になり、ショックアブソーバーもなくなった。装備は年々減っていき、最終的にはライトは1つ、フェンダーは鉄板を曲げただけとなった。オリジナルに比べて124kgの鉄材を節約できた。

«12» 5のWBを4,420mmに拡張し、耐荷重を3.5tにした仕様。空照灯などの輸送に使われた。

«6» 5の3軸仕様。耐荷重は4tに増加し、多連装ロケット砲の輸送に重宝された。

«42» 5の後輪を履帯にした仕様。雪や泥濘を踏破するのに重宝され、前輪に装着するスキーも作られた。

«PMZ-2» 5ベースの消防車。1,500Lのタンクが搭載されている。

ЗиС-150/164
ZiS-150/164

あらゆる場面で活躍した戦後型トラック

«ATsM-4.0-150» 150のシャシーを使用した4,000Lのタンクローリー。牛乳やビールなどもこれで輸送された。フロント周辺のデザインは、米IHCのKシリーズのパクリ。LNG仕様「156」もあったが、この時期のソ連ではガソリンが過剰生産されており、需要は乏しかった。

車名	150	164
製造期間	1947-1958年	1957-1964年
生産台数	771,615台	602,185台
車両寸法		
- 全長	6,720mm	6,720mm
- 全幅	2,470mm	2,470mm
- 全高	2,180mm	2,180mm
- ホイールベース	4,000mm	4,000mm
- 車重	3,900kg	4,100kg
駆動方式	FR	FR
エンジン	ZiS-150	ZiL-164
- 構成	水冷直列6気筒SV	水冷直列6気筒SV
- 排気量	5,555cc	5,555cc
- 最高出力	95hp/2,400rpm	100hp/2,600rpm
- 最大トルク	31.0kgm/1,200rpm	33.0kgm/1,200rpm
トランスミッション	フロア5M/T	
サスペンション (F/R)	リジッド縦置きリーフ / リジッド縦置きリーフ	
最高速度	65km/h	75km/h
最大積載量	4,000kg	4,000kg

1937年、ZiS-5のモデルチェンジ計画が始動した。独ソ戦の勃発で計画は凍結されたが、戦時下でも鹵獲品などを研究して知見を蓄積し、戦後の1947年10月には新世代の4tトラック「150」がデビューした。プロペラシャフトの破断など重大な初期不良も発生したが、適宜修正を加えながら年産8万台を超える量産体制が敷かれ、東側諸国や第三世界に幅広く輸出された。1957年10月には、アルミ製シリンダーヘッドやツインプレートクラッチの装備、フレームの強化などのアップデートを加えた改良型「164」となった。

«PMZ-9» 150 のシャシーに 1,680L のタンク（ATs-25）を載せた消防車。無線装置も付く。

«151» 150 ベースの 3 軸の 4.5t トラック。多くが軍に納入されたが、悪路走破性は低かった。

«DAZ-150» ドニプロペトロフスク自動車工場（DAZ）で製造された 150 ベースの試作車。

«KAZ-150» クタイシ自動車工場（KAZ）で製造された鉱山仕様。ギアのセッティングが異なる。

«164» 1957 年登場の改良型。外観ではフロントグリルが縦格子に変更された。

«PMZ-17A» 164 のシャシーに 2,150L のタンク（ATs-30）を載せた消防車。

«157» 151 の改良版。空気圧調節機能付きの大型タイヤが採用され、悪路走破性が向上した。

«157KD» 1978 年以降、157 の製造はウラル自動車エンジン工場（UAmZ）に移管された。

ЗиЛ-130
ZiL-130

ソ連の経済発展を支えた伝説的トラック

《130》 ガソリンエンジンの通常仕様。デザインはモデルスパンを通じてほとんど変わらなかったが、1978年の改良ではウインカーの位置やグリルの意匠などが変更された。1986年の改良で公式には「431410」に名称変更されたが、一般にはモデル末期まで「130」と呼ばれた。

車名	130
製造期間	1964-1994年
生産台数	3,383,312台
車両寸法	
- 全長	6,675mm
- 全幅	2,500mm
- 全高	2,400mm
- ホイールベース	3,800mm
- 車重	4,300kg
駆動方式	FR
エンジン	ZiL-130
- 構成	水冷V型8気筒 OHV
- 排気量	5,969cc
- 最高出力	150hp/3,200rpm
- 最大トルク	41.0kgm/2,000rpm
トランスミッション	フロア 5M/T
サスペンション (F/R)	リジッド縦置きリーフ/リジッド縦置きリーフ
最高速度	90km/h
最大積載量	4,000-6,000kg

1940年代の設計だった164のモデルチェンジ計画は、1956年末に始まった。当時のアメリカのトラックを参考にラウンドウインドウを採用し、リムジン「111」のV8エンジンを72オクタン対応とした新しいパワートレインも搭載された。新型トラックは「130」と名付けられ、ZiL新工場が落成した1964年10月に量産が開始された。圧倒的なパワーと耐久性、整備性は好評で、ZiLは延々と130の製造を続けた。だが、その売れ行きに胡坐をかいたせいで次世代の開発に後れをとり、民営化後の経営悪化の遠因となった。

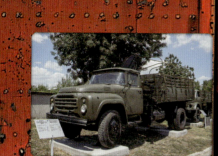

«130G» ホイールベースを4,500mmに延長した仕様。1986年以降は「431510」。

«130V1» 耐荷重10.5tのトレーラーヘッド。1986年以降は「441510」。

«138» 1977年追加のLPG仕様で、寸胴のタンクが特徴。1986年以降は「431810」。

«138A» 1982年追加のLNG仕様で、細長いタンクが特徴。1986年以降は「431610」。

«ANR-40-127B» タンクのない消防ポンプ車。ベースとなるシャシーは「431412」。

«MMZ-4502» SWBのダンプカー。ベースとなるシャシーは「130D1/495810」。

«133GYa» 3軸トラック「133」のディーゼル仕様。エンジンが収まりきらずグリルが変更された。

«131» 3軸の全輪駆動トラック。フェンダー内の泥の堆積を避けるためフロントマスクが変更された。

トラック

ЗиЛ-4331
ZiL-4331

悪くはなかったが、発売が10年遅かった

《433362》 ベースモデルとなるディーゼルエンジン搭載の7tトラック「433100」のSWB版「433300」の荷台部がシャシーだけの状態で販売されていた仕様。角張ったボンネットトラックは1980年代としては古めかしかったが、ソ連では実用車のデザインに注意は払われなかった。

車名	4331
製造期間	1986-2016年
生産台数	1,600,931台
車両寸法	
- 全長	6,370mm
- 全幅	2,422mm
- 全高	2,810mm
- ホイールベース	4,500mm
- 車重	5,500kg
駆動方式	FR
エンジン	ZiL-645
- 構成	水冷V型8気筒OHV
- 排気量	8,740cc
- 最高出力	185hp/2,800rpm
- 最大トルク	52.0kgm/1,400rpm
トランスミッション	フロア5M/T
サスペンション (F/R)	リジッド縦置きリーフ/リジッド縦置きリーフ
最高速度	90km/h
最大積載量	6,000kg

1970年代には130は既に旧式の設計となっていたが、その完成度の高さから、ソ連政府はモデルチェンジの必要性を認識していなかった。オイルショック以降、この車格のトラックでもディーゼルエンジンが主流となったことで、1970年代後半にようやく本格的な後継車種の開発が始まった。新型トラック「4331」は、1986年1月にデビューした。新規開発のV8ディーゼルエンジンは欧州の排ガス規制にも適合していたが、ソ連崩壊後はデザインや設計の古さが祟って海外勢にシェアを奪われ、2016年にZiLは自動車製造から手を引いた。

КАЗ-606/608
KAZ-606/608

«Колхида»

« コルヒーダ »
グルジア生まれの鉱山用トレーラー

«608V» 606/608はベースを異にするがほぼ同一のデザインだった。1976年にはウエッジシェイプの新型キャビンを備えた「608 V」が登場した。一連のシリーズは、グルジア西部の古名に由来する「コルヒーダ（Колхида）」という愛称で呼ばれた。

車名	606/606A	608/608V
製造期間	1961-1967年	1967-1989年
生産台数	不明	130,458台
車両寸法		
- 全長	4,905mm	5,155mm
- 全幅	2,300mm	2,360mm
- 全高	2,370mm	2,440mm
- ホイールベース	2,800mm	2,900mm
- 車重	3,870kg	4,000kg
駆動方式	FR	
エンジン	ZiL-157KYa	ZiL-130Ya5
- 構成	水冷直列6気筒 SV	水冷V型8気筒 OHV
- 排気量	5,560cc	5,969cc
- 最高出力	109hp/2,800rpm	148hp/3,200rpm
- 最大トルク	34.0kgm/1,400rpm	40.8kgm/2,000rpm
トランスミッション	フロア 5M/T	
サスペンション (F/R)	リジッド縦置きリーフ / リジッド縦置きリーフ	
最高速度	65km/h	
最大積載量	10,500kg	

1951年、カフカースの鉱山用トラック製造のため、ドイツ製の賠償物資を使ってクタイシ自動車工場（KAZ）が設立された。1961年には、ZiL-164をベースに独自の架装を施したキャブオーバー型トレーラーヘッド「606」が登場した。1967年にはZiL-130ベースの「608」となり、130V1の1.5倍となる15.5tの牽引能力を手に入れた。鉱山では重宝されたが、フロントアクスルの過負荷や空荷時の不安定な挙動などの問題も多かった。ソ連崩壊後は急速に需要を失い、KAZは2010年に倒産した。

УралЗиС-355
UralZiS-355

疎開先で独自進化を遂げた旧式トラック

«PM-11» 355をダブルキャブにした消防車。写真の個体は、ポンプが取り外されて通常の荷台に換装されている。派生車種として、ダンプカー「351」、木炭車「21A/352」がある。

車名	353
製造期間	1955-1958年
生産台数	不明
車両寸法	
- 全長	6,125mm
- 全幅	2,280mm
- 全高	2,160mm
- ホイールベース	3,824mm
- 車重	3,150kg
駆動方式	FR
エンジン	UralZiS-353
- 構成	水冷直列6気筒SV
- 排気量	5,550cc
- 最高出力	85hp/2,600rpm
- 最大トルク	29.5kgm/1,000rpm
トランスミッション	フロア4M/T
サスペンション (F/R)	リジッド縦置きリーフ/リジッド縦置きリーフ
最高速度	70km/h
最大積載量	3,500kg

戦時中の工業疎開で設立されたUralZiSは、戦後もZiS-5の製造を続けていた。1940年代後半には独自の新型車「353」が設計されたが、量産技術の獲得までは5に改良を施していくことになった。1949年にはフロントフェンダーが独自の形状となり、1950年には燃料タンクが運転席下から左後輪の前に移設された。1955年にはZiS-150の6気筒エンジンが搭載されて車名が「355」となり、耐荷重も3.5tとなった。GAZから流用した新型ホイールも装備され、ZiSとGAZの混成物のような車種だった。

УралЗиС-355М
UralZiS-355M

極寒地域特化の適材適所トラック

«ATsPT-2.2-355M» 355Mベースの2,200Lタンクローリー。工場名は1962年にUralZiSからウラル自動車工場（UralAZ）に変更された。派生車種として、木炭車「354」、LNG仕様車「356」、全輪駆動車「381」などが設計されたが、いずれも試作で終わった。

車名	353M
製造期間	1958-1965年
生産台数	約192,000台
車両寸法	
- 全長	6,290mm
- 全幅	2,280mm
- 全高	2,095mm
- ホイールベース	3,824mm
- 車重	3,400kg
駆動方式	FR
エンジン	UralZiS-353A
- 構成	水冷直列6気筒 SV
- 排気量	5,550cc
- 最高出力	95hp/2,600rpm
- 最大トルク	31.0kgm/1,200rpm
トランスミッション	フロア4M/T
サスペンション (F/R)	リジッド縦置きリーフ/リジッド縦置きリーフ
最高速度	75km/h
最大積載量	3,500kg

　技術不足と資金難を乗り越え、UralZiSは1958年8月に本格的な新型モデルの量産を開始した。当初予定されていた「353」という名前は「355M」とリネームされた。最大の問題だったキャビンは、GAZの主任設計士だったリプガルトがポベーダ製造中止事件の引責でUralZiSに左遷されたことでできたコネを活かし、GAZ-51のものを流用することで解決した。シベリアや中央アジアなど極寒の地での運用を想定してヒーターを標準装備していたことや、過積載でも満足に動作したことで、その評判はソ連中に伝わった。

UralAZ-375

УралАЗ-375

ソ連軍の輸送を支えたオフロードトラック

«375D» パートタイム全輪駆動でソフトトップのベースモデル「375」のほか、派生車種として、トレーラーヘッド「375S」、フルタイム全輪駆動でハードトップの軍用仕様「375D」、後輪駆動でハードトップの民生仕様「377」などがあった。

車名	375
製造期間	1960-1992年
生産台数	約137,000台
車両寸法	
- 全長	7,350mm
- 全幅	2,690mm
- 全高	2,680mm
- ホイールベース	3,525mm
- 車重	8,400kg
駆動方式	F-AWD
エンジン	ZiL-375
- 構成	水冷V型8気筒OHV
- 排気量	6,962cc
- 最高出力	180hp/3,200rpm
- 最大トルク	47.0kgm/1,800rpm
トランスミッション	フロア5M/T+副
サスペンション (F/R)	リジッド縦置きリーフ/リジッド縦置きリーフ
最高速度	75km/h
最大積載量員	5,000kg

1953年、ソ連国防省はZiS-151の後継となる全輪駆動トラックの開発をNAMIに要請した。NAMIは開発をZiLに移管するつもりだったが、国境から遠い内陸部での製造を要望されたため、UralZiSに持ち込まれることになった。1960年12月に「375」の量産が開始された。ZiL-130のV8エンジンを先行して搭載し、パワーと悪路走破性は好評だった。当時はフルシチョフの経済改革で自動車産業省が解体されていた時期で、工場同士の協力体制が機能しておらず、初期不良の対応に悩まされることになった。

УралАЗ-4320

UralAZ-4320

石油危機で誕生したディーゼル仕様車

«4320» ベースモデルの 5t トラック。外観はほぼ 375 と共通だが、グリル形状が異なる。派生車種として、7t 仕様「43202」、木材運搬車「43204」、トレーラーヘッド「4420」、4 輪仕様「43206」などがある。

車名	4320
製造期間	1977 年 - 現在
生産台数	不明
車両寸法	
- 全長	7,375mm
- 全幅	2,500mm
- 全高	3,005mm
- ホイールベース	3,525mm
- 車重	8.440kg
駆動方式	F-AWD
エンジン	KamAZ-740.10
- 構成	水冷 V 型 8 気筒 OHV
- 排気量	10,860cc
- 最高出力	210hp/2,600rpm
- 最大トルク	68.0kgm/1,700rpm
トランスミッション	フロア 5M/T+ 副
サスペンション (F/R)	リジッド縦置きリーフ / リジッド縦置きリーフ
最高速度	85km/h
最大積載量	5,000kg

375 のエンジン保証をめぐる ZiL と UralAZ との不協和音は、フルシチョフが失脚して自動車産業省が復活したことで解決した。ところが、1970 年代に入ると、1.4km/L という凶悪な燃費に対する苦情が相次いだ。産油国のソ連はともかく、石油危機による原油高にあえぐ諸外国にとっては切実な問題だった。そこで、KamAZ 製のディーゼルエンジンを搭載した「4320」が 1977 年 11 月にデビューした。3.3km/L と比較的燃費が良く、安価な軽油で動くこのエンジンは好評で、軍民問わず幅広く使用された。

ГАЗ-АА
GAZ-AA

赤軍を支えたアメリカ生まれの小型トラック

«AA» ベースモデルの1.5tトラック。戦時仕様の「MM-V」以後のモデルを除けば、AAとMMとに外見的な差異はない。次期モデルGAZ-51の生産準備のため、1947年以降はUlZiSに製造が移管された。

車名	AA	MM
製造期間	1932-1942年	1938-1949年
生産台数	約985,000台	
車両寸法		
- 全長	5,335mm	
- 全幅	2,040mm	
- 全高	1,970mm	
- ホイールベース	3,340mm	
- 車重	1,750kg	
駆動方式	FR	
エンジン	GAZ-A	GAZ-M
- 構成	水冷直列4気筒SV	水冷直列4気筒SV
- 排気量	3,285cc	3,285cc
- 最高出力	40hp/2,200rpm	50hp/2,800rpm
- 最大トルク	15.5kgm/?rpm	17.0kgm/1,300rpm
トランスミッション	フロア4M/T	
サスペンション(F/R)	横置きリーフ/リジッド縦置きリーフ	
最高速度	70km/h	70km/h
最大積載量	1,500kg	1,500kg

　1930年、ソ連政府はフォード社と契約し、1.5tトラック「AA」のノックダウン生産を開始した。1932年には部品を国産化して「GAZ-AA」となった。1938年にはM1と同様の3.3Lエンジンを搭載した「MM」へとアップデートが図られた。ソ連政府はフォードBBのライセンスを受けるつもりだったが、フォード側に渋られ実現しなかった。AA/MMは、小型トラックとして人民の生活に密接な存在であったと同時に、赤軍にもかなりの数が納入された。ZiS-5と並ぶ大祖国戦争の立役者として扱われることも多い。

«MM-V» 1942年には戦時仕様として簡素化され、フェンダーは鉄板を曲げただけ、ライトは1つだけ、屋根は革張りとなり、ドアもフロントブレーキも省略された（MM-91-120）。1943年には木製のドアが復活した（MM-86-120）。

«MM» 戦後は概ね元の仕様に戻ったが、金属の不足からフェンダーと屋根は戦時仕様のままだった。

«42» ガス発生装置を備えたいわゆる木炭車。燃料が不足した戦時下では民間向けにはこれが支給された。

«PMG-1» AAをベースにしたソ連初の完全国産消防車。遠心ポンプが搭載されている。

«AAA» AAを3軸化した2tトラック。トランスミッションも前8段、後2段に強化されている。

トラック　185

ГАЗ-51
GAZ-51

社会主義建設を支えた東側陣営の象徴的存在

«51» 1946年導入の前期型。写真の個体は、キャビンが金属製で屋根が丸く、かつワイパーが1本なので、1949-54年式。この時期はGAZの工場名にモロトフの名前が付いており、ボンネット横に「Автозавод им. Молотова」と刻印されている。

車名	51
製造期間	1946-1975年
生産台数	3,481,033台
車両寸法	
- 全長	5,715mm
- 全幅	2,280mm
- 全高	2,130mm
- ホイールベース	3,300mm
- 車重	2,710kg
駆動方式	FR
エンジン	GAZ-51
- 構成	水冷直列6気筒 SV
- 排気量	3,485cc
- 最高出力	70hp/2,800rpm
- 最大トルク	20.5kgm/1,500rpm
トランスミッション	フロア 4M/T
サスペンション (F/R)	リジッド縦置きリーフ / リジッド縦置きリーフ
最高速度	70km/h
最大積載量	2,440kg

AAの後継車種は、1941年から量産に入る予定で準備が進められていたが、独ソ戦の勃発で計画は白紙となった。戦時下でもレンドリース品の研究による改修が行われ、別車種と言えるほどの進化を遂げた。スチュードベーカー風のキャビンを備え、「51」と名付けられた新型の2.5tトラックは、1946年6月に量産が開始された。トラックとして国民経済の発展に大きく貢献したほか、バスや消防車など様々な車両のベースとしても使用された。ポーランドや中国、朝鮮でも現地生産が行われるなど、東側陣営の象徴的存在でもあった。

«51A» 1956年導入の荷台が拡張された後期型。1957年にはドアも金属製となって窓枠が丸みを帯びた形状に変更された。同年の夏には、反党グループ事件の影響で工場名からモロトフの名前が消され、刻印も「Горьковский Автозавод」に変更された。

«51R» 荷台にベンチを装備した仕様。軍の人員移送や、農村部の乗り合いタクシーとして使われた。

«AM-3» 荷台部に客室を架装した仕様。警察の人員輸送に使用された。

«ALG-17» 17mの油圧はしご車。5階建て集合住宅フルシチョフカとともに都市部に普及した。

«63» AAAの後継となる全輪駆動のオフロード仕様。手動で空気圧を調節できるタイヤが装備された。

ГАЗ-52/53

GAZ-52/53

国家にも人民にも寄り添った万能トラック

《52-04》 52 シリーズには、積載 3t のシャシー「52A/52-01」、積載 3t の平台トラック「52-03」、積載 2.5t の SWB シャシー「52-02」、積載 2.5t の SWB 平台トラック「52-04」などがあった。ホイールは 51 のものを継続採用している。

車名	52	53
製造期間	1964-1993 年	1961-1993 年
生産台数	1,006,330 台	約 4,000,000 台
車両寸法		
- 全長	6,395mm	
- 全幅	2,380mm	
- 全高	2,190mm	
- ホイールベース	3,700mm	
- 車重	2,815kg	3,200kg
駆動方式	FR	FR
エンジン	GAZ-52	ZMZ-53
- 構成	水冷直列6気筒 SV	水冷V型8気筒 OHV
- 排気量	3,485cc	4,250cc
- 最高出力	75hp/2,600rpm	115hp/3,200rpm
- 最大トルク	21.0kgm/1,600rpm	29.0kgm/2,000rpm
トランスミッション	フロア 4M/T	
サスペンション (F/R)	リジッド縦置きリーフ/リジッド縦置きリーフ	
最高速度	70km/h	85km/h
最大積載量	2,500kg	3,500kg

1956 年、第 22 回ソ連共産党大会への貢ぎ物とすべく、51 の後継となる新型トラックを開発するよう GAZ に指令が下った。GAZ は、51 の直 6 エンジンの圧縮比を高めた 3t トラック「52」と、新型の V8 エンジンを搭載した 3.5t トラック「53」を開発した。米 IHC をパクった先進的なデザインが特徴だった。だが、エンジンの量産化が党大会に間に合わず、場繋ぎとして旧式の 51 エンジンを載せた「53F」が 1961 年に登場した。新型エンジンを載せた 52/53 の量産が始まったのは、1964 年 6 月のことだった。

«52-04» 52/53とも、1984年の改良でフロントマスクのデザインが簡素なものに変更された。

«MRS-1-52» 52のエクストラキャブ仕様。タルトゥ自動車修理工場で製造された。

«53-12» 53シリーズは、1965年に積載4tの「53A」、1983年に積載4.5tの「53-12」にアップデートされた。専用のホイール、幅広のラジエーター、左側に出されたマフラー、白塗りのフロントマスク等で52シリーズと識別できる。

«53-27» 1984年に追加された53-12のLNG仕様。LPG仕様の「53-19」もあった。

«AL-18-L2» 18mの油圧はしご車。ベースは52-01。

トラック

ГАЗ-66
GAZ-66

人間工学完全無視のオフロードトラック

«66-11» 1966年にはタイヤの空気圧制御システムが導入され、グリル上部の穴が削除された「66-01」となった。1985年には国際安全基準に適合し、屋根の速度表示灯が追加された「66-11」となった。

車名	66
製造期間	1964-1999年
生産台数	965,941台
車両寸法	
- 全長	5,655mm
- 全幅	2,342mm
- 全高	2,440mm
- ホイールベース	3,300mm
- 車重	3,740kg
駆動方式	F-AWD
エンジン	ZMZ-513
- 構成	水冷V型8気筒OHV
- 排気量	4,254cc
- 最高出力	125hp/3,400rpm
- 最大トルク	29.0kgm/2,000rpm
トランスミッション	フロア5M/T+副
サスペンション (F/R)	リジッド縦置きリーフ/リジッド縦置きリーフ
最高速度	90km/h
最大積載量	2,000kg

全輪駆動トラック「63」の後継として、53をベースとした「66」の開発が進められた。荷室を広く確保するためにキャブオーバー型となり、53とは意匠が大きく変わった。オフロード性能が高く評価され、1970年には国家品質マークが与えられた。もっとも、人間工学的な要素は無視されており、乗員はキャビンの狭さや後方に配置されたシフトノブの不便さに悩まされた。主として軍や政府機関に納入され、空挺軍から国境軍まで幅広く配備されたが、アフガン侵攻時には、地雷を踏んだ際の乗員の死傷率が高いことが問題視された。

ГАЗ-3307
GAZ-3307

時代遅れながらも、結果的には長寿車種

《3307》 ベースモデルの 4.5t トラック。派生車種として、ディーゼル仕様「3306」、四輪駆動仕様「3308（サドコ）」、過給機付きディーゼル仕様「3309」などがある。

車名	3307
製造期間	1988-2020 年
生産台数	不明
車両寸法	
- 全長	6,550mm
- 全幅	2,380mm
- 全高	2,350mm
- ホイールベース	3,770mm
- 車重	3,100kg
駆動方式	FR
エンジン	ZMZ-511
- 構成	水冷 V 型 8 気筒 OHV
- 排気量	4,250cc
- 最高出力	125hp/3,400rpm
- 最大トルク	30.0kgm/2,500rpm
トランスミッション	フロア 4M/T
サスペンション (F/R)	リジッド縦置きリーフ/リジッド縦置きリーフ
最高速度	90km/h
最大積載量	4,500kg

　1983 年 8 月、ソ連政府は科学技術の進歩に関する決議を出した。国産ディーゼルエンジンについても言及され、GAZ はこれに基づいて新型トラックの開発を進めた。開発は難航し、1988 年 12 月にガソリン仕様の「3307」が先行デビューした。外装デザインは一新されたが、角形のボンネットトラックは西側の流行から 10 年ほど遅れていた。内部機構や消耗品類は、先代の 53 と可能な限り統合された。肝心のディーゼル仕様「3306」はドイツ社からライセンスを受け、ソ連崩壊後の 1992 年 1 月に量産が始まった。

ЯГАЗ-Я-3
YaGAZ-Ya-3

過負荷に苦しんだ初の国産大型トラック

«Ya-3» Ya-3 の生産開始に伴って、工場名がヤロスラヴリ国営自動車工場（YaGAZ）に変更された。YaGAZ で製造されていたのは平台トラックとシャシーだけだったが、出荷先の修理工場でバンや消防車、バスなどが架装された。現存個体は見つかっていない。

車名	Ya-3
製造期間	1926-1928 年
生産台数	170 台
車両寸法	
- 全長	6,500mm
- 全幅	2,460mm
- 全高	2,550mm
- ホイールベース	4,200mm
- 車重	4,300kg
駆動方式	FR
エンジン	AMO-F15
- 構成	水冷直列 4 気筒 SV
- 排気量	4,396cc
- 最高出力	35hp/1,400rpm
- 最大トルク	18.5kgm/1,200rpm
トランスミッション	フロア 4M/T
サスペンション (F/R)	リジッド縦置きリーフ/リジッド縦置きリーフ
最高速度	30km/h
最大積載量	3,000kg

1919 年以降、AMO では帝政時代に国費購入された米ホワイト製 3t トラックのオーバーホールを行っていた。F15 の製造にめどが立ったことで、その業務はヤロスラヴリ国営第一自動車修理工場（YaGARZ）に移管された。自動車の国産化が促進される中で、YaGARZ もホワイトトラックのコピー品を製造することになった。ソ連の技術力に合わせて部品が簡素化され、1926 年 1 月に量産が始まった。車重はオリジナルより 1t 近く増したが、エンジンは車格の小さい F15 と同じで、舗装路でも 30km/h 程度しか出なかった。

ЯАЗ-ЯГ-3
YaAZ-YaG-3

ソ連の工業化を支えた大型トラック

«YaG-6» YaG とは「Ярославский Грузовик（ヤロスラヴリ製トラック）」の略で、1932 年以降はこれに基づいてコードが振り直された。ダンプカーは「YaS（Самосвал）」、バスは「YaA（Автобус）」となった。これと同時に工場名もヤロスラヴリ自動車工場（YaAZ）となった。

車名	YaG-3
製造期間	1932-1934 年
生産台数	2,681 台
車両寸法	
- 全長	6,500mm
- 全幅	2,460mm
- 全高	2,550mm
- ホイールベース	4,200mm
- 車重	4,300kg
駆動方式	FR
エンジン	AMO-3
- 構成	水冷直列 6 気筒 SV
- 排気量	4,882cc
- 最高出力	66hp/2,400rpm
- 最大トルク	25.0kgm/?rpm
トランスミッション	フロア 4M/T
サスペンション (F/R)	リジッド縦置きリーフ/リジッド縦置きリーフ
最高速度	50km/h
最大積載量	5,000kg

Ya-3 のパワー不足への対応として、1928 年にダイムラーベンツ製エンジンの「Ya-4」が、1929 年にハーキュリーズ製エンジンの「Ya-5」がデビューした。エンジンの大型化に伴って外装デザインも変更された。全パーツの国産化を目指すソ連政府の意向で、1932 年には AMO-3 の 4.9L エンジンを搭載した「YaG-3」となり、積載量も 5t に増加した。1934 年には ZiS-5 のエンジンを搭載した「YaG-4」となり、1936 年にはトレッド幅の拡大やブレーキの改良を施した「YaG-6」へと進化した。

ЯАЗ/МАЗ-200
YaAZ/MAZ-200

2ストディーゼルが呻る戦後の大型トラック

«MAZ-205» YaAZ製はグリルが横格子で熊のエンブレム、MAZ製はグリルが縦格子でバイソンのエンブレムとなる。派生車種として、トレーラーヘッド「200V」、SWBのダンプカー「205」、3軸仕様「210」、全輪駆動車「502」などがある。

車名	200
製造期間	1947-1965年
生産台数	約230,000台
車両寸法	
- 全長	7,620mm
- 全幅	2,650mm
- 全高	2,430mm
- ホイールベース	4,520mm
- 車重	6,500kg
駆動方式	FR
エンジン	YaAZ-204
- 構成	水冷直列4気筒2ストローク
- 排気量	4,654cc
- 最高出力	110hp/2,000rpm
- 最大トルク	47.0kgm/1,300rpm
トランスミッション	フロア5M/T
サスペンション (F/R)	リジッド縦置きリーフ/リジッド縦置きリーフ
最高速度	65km/h
最大積載量	7,000kg

　1941年、ソ連政府はディーゼルエンジンを搭載した大型トラックを開発するようYaAZに命じた。戦争により一時中断されたが、レンドリース品を参考資料として開発は続いた。戦後の1947年8月、新型のボンネットトラック「200」の量産が始まった。新開発の2ストロークディーゼルエンジンは、デトロイトディーゼルのコピー品である。パワーはあったが、あまりの騒音に都市部での評判は良くなかった。増産のための工場用地がYaAZにはなかったことから、1950年6月にミンスク自動車工場（MAZ）に製造が移管された。

MA3-500
MAZ-500

キャブオーバーを採用した先進設計トラック

《514B》 ベースモデルの 7.5t トラックは、1965-70 年式の前期型「500」、1970-77 年式の中期型「500A」、1977-90 年式の後期型「5335」と進化する。派生車種として、SWB ダンプカー「503/503A/5549」、トレーラーヘッド「504/504A/5429」、3 軸仕様「514/514B/516B」などがある。

車名	500
製造期間	1965-1990 年
生産台数	不明
車両寸法	
- 全長	7,140mm
- 全幅	2,500mm
- 全高	2,650mm
- ホイールベース	3,850mm
- 車重	6,500kg
駆動方式	FR
エンジン	YaMZ-236
- 構成	水冷 V 型 6 気筒 OHV
- 排気量	11,150cc
- 最高出力	180hp/2,100rpm
- 最大トルク	68.0kgm/1,500rpm
トランスミッション	フロア 5M/T
サスペンション (F/R)	リジッド縦置きリーフ / リジッド縦置きリーフ
最高速度	75km/h
最大積載量	7,500kg

キャブオーバー型トラックの積載能力や車両重量配分の優位性は、ソ連でも 1930 年代から認識されていた。だが、アメ車を参考にしてきた伝統や、軍が整備性の観点から難を示したことで、ソ連は戦後もボンネット型トラックにこだわり続けた。ところが、ソ連経済が発展するにしたがって、大型トラックの積載能力向上に対する社会的要請が生まれた。MAZ はこれに酌んでキャブオーバー型の「500」を開発し、1965 年 3 月に量産が始まった。整備性の問題は、前部にヒンジを設けて前傾させるチルトキャブを採用することで解決した。

МАЗ-5336

MAZ-5336

現代に続く欧州基準の民生用トラック

«5551» ベースモデルの7.8tトラック「5336」のほか、派生車種として、V6エンジン仕様「5337」、2軸トレーラーヘッド「5432」、3軸トレーラーヘッド「6422」、3軸ダンプカー「5516」、SWBダンプカー「5551」などがある。

車名	5336
製造期間	1990-2020年
生産台数	不明
車両寸法	
- 全長	8,600mm
- 全幅	2,500mm
- 全高	3,160mm
- ホイールベース	4,900mm
- 車重	8,700kg
駆動方式	FR
エンジン	YaMZ-238D
- 構成	水冷V型8気筒OHV
- 排気量	14,860cc
- 最高出力	330hp/2,100rpm
- 最大トルク	125.0kgm/1,400rpm
トランスミッション	フロア5M/T
サスペンション (F/R)	リジッド縦置きリーフ/リジッド縦置きリーフ
最高速度	100km/h
最大積載量	7,800kg

MAZ-500シリーズは、積載能力も耐久性も申し分なく、20年以上に渡ってソ連の物流を支えた。一定数は輸出もされていたが、年々厳しくなる欧州の安全規制や排気規制に対応しきれなくなり、ついにフルモデルチェンジが実施されることになった。2軸/3軸トレーラーヘッドの「5432/6422」が1984年1月に先行してデビューし、500シリーズの後継となる2軸トラック「5336」は1990年1月に量産が始まった。標準となるエンジンは、500シリーズのトレーラーに搭載されていたV8の改良版だった。

КамАЗ-5320
KamAZ-5320

軍民問わず幅広く活躍する新世代トラック

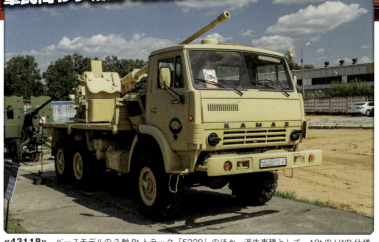

《43118》 ベースモデルの3軸8tトラック「5320」のほか、派生車種として、10tのLWB仕様「53212」、2軸仕様「5325」、トレーラーヘッド「5410」、SWBダンプカー「5511」、6tの全輪駆動車「43101」、12tのLWB全輪駆動車「43118」などがある。

車名	5320
製造期間	1976-2001年
生産台数	393,309台
車両寸法	
- 全長	7,435mm
- 全幅	2,500mm
- 全高	2,630mm
- ホイールベース	3,190mm
- 車重	7,080kg
駆動方式	FR
エンジン	KamAZ-740.10
- 構成	水冷V型8気筒OHV
- 排気量	10,850cc
- 最高出力	210hp/2,600rpm
- 最大トルク	65.0kgm/1,500rpm
トランスミッション	フロア5M/T+副
サスペンション (F/R)	リジッド縦置きリーフ/リジッド縦置きリーフ
最高速度	80km/h
最大積載量	8,000kg

1960年代にソ連が経済成長を迎える中で、より積載能力の高い大型トラックの需要が生まれた。既存の工場では余力がなかったことから、VAZと並ぶ新規格工場として、1969年にカマ自動車工場（KamAZ）が設立された。当初は西側メーカーからのライセンス生産も検討されたが頓挫し、ZiLで開発中だったキャブオーバー型の8tトラック「170」が移管された。これに手直しを加えた「5320」は、1976年2月に第25回ソ連共産党大会を記念して製造が始まった。軍民ともに広範に使用され、ソ連の物流を支えた。

その他のトラックと特殊車両

«KrAZ-255» 1956年、クレメンチュクの橋梁部品工場が、フルシチョフの思い付きでコンバイン工場になった。この政策は失敗に終わったが、工場設備を有効活用すべく、クレメンチュク自動車工場（KrAZ）として全輪駆動3軸トラック YaAZ-214 の製造が移管されることになった。1967年8月には、タイヤ空気圧調整機能や新型V8エンジンなどの大幅なアップデートを受けて「255B」となった。主として軍に納入されたが、民生品も手掛け、写真の後輪駆動SWBダンプカー「256B1」なども製造された。

«KrAZ-260» 1976年、国防省は1940年代の設計だった KrAZ-255B の後継となる総輪駆動トラックの開発を要請した。新型の3軸全輪駆動トラック「260」は、1981年1月に量産が始まった。デザインが一新されたほか、運転視界の改善のためキャビン位置が上げられ、耐荷重も9tに増加した。エンジンは255BのV8ディーゼルを改良したものだが、多燃料対応となっており、軽油だけでなくガソリンや灯油、ジェット燃料でも走行可能だった。1994年には耐荷重12tの「6322」にモデルチェンジした。

«MAZ-543» 1962年に製造が始まった4軸の全輪駆動トラック。弾道ミサイルの移動式発射台として開発され、シャシーはそれを前提として設計されている。重戦車向けのV型12気筒38.8Lディーゼルエンジンが搭載され、220.3kgmの強大なトルクを誇る。巨大なエンジンをキャブオーバーで配置するため、左右のキャビンは独立式となっている。20.4tの積載量は軍事以外の分野でも有用で、空港用の化学消防車や石油精製施設のタンクローリーなど、大容量のタンクを要する特殊目的の車両としても使われた。

«TART-TA-943» 1960年代初頭、エストニア共和国消費者協同組合（ETKVL）は、タルトゥ自動車修理工場（TART）に、パンを輸送するためのバンの製造を要請した。TARTは、GAZ-51のシャシーを再利用してパン輸送車「TA-9」を開発・製造した。その後、新規格のパン輸送カートが誕生し、TARTはそれに適合した新しい輸送車の開発を請け負った。GAZ-52-04のシャシーに新設計のボディが架装され「TA-943」が誕生した。テールゲートリフターが装備され、積み下ろしが格段に楽になった。

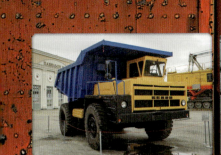

«BelAZ-7522» ベラルーシ自動車工場の30tダンプ。露天掘り鉱山や採石場で使われた。

«BelAZ-7421» 航空機牽引車。写真は改良型の「74211」で、210tまで牽引可能。

«MoAZ-6014» モギリョフ自動車工場の単軸トラクター。土木用スクレーパーとして使われる。

«ChZK-DZ98» チェリャビンスク道路機械工場のグレーダー。ソ連全土の道路工事で活躍した。

«ZiL-PEU-1» 地球に帰還した宇宙船カプセルの回収車。水陸両用で、どこに着地しても対応可能。

«ZiL-49065» PEU-1の後継となる「4906」の人員輸送仕様「49061」の改良試作車。

«ZiL-29061» 4906とセットのスクリュー推進車。装輪では踏破できない湿地帯や雪原向け。

«KhZTM-AT-T» ハリコフ車両製造工場の装軌砲兵トラクター。極地探検や道路工事にも使われた。

トラック

★コラム　ソ連のモータースポーツ④
～トラックレース～

・アフトクロスの熱狂

レースの目的の一つは、自動車を長時間の極限状態に置くことで、性能試験や技術研鑽を図ることにある。ソ連では、起伏の激しい未舗装コースを周回させて速さを競う「アフトクロス」が、戦前から自動車工場が主導して実施されていた。1960年代になると、技術研鑽は国際ラリー等を舞台とすることが多くなり、アフトクロスは娯楽としての要素が強くなった。

アフトクロスで宙を舞うトラック。横転事故に備え、ロールバーやキルスイッチが装備されていた。

アフトクロスの中でも特に人気があったのは、ZiLやGAZなどのトラックのレースだった。何トンもある巨体が轟音を上げて猛スピードで駆け、坂でジャンプしたり、時にはクラッシュしたりする。この大迫力のレースは、娯楽に飢えるソ連人民に大人気で、最盛期には観客動員数が4万人に達した。

ところが、生粋の共産主義者たちはこれをよく思っていなかった。社会主義国家においては、生産手段たるトラックは人民の共有財産である。それを娯楽のために改造して生産手段としての能力を失わせ、しまいにはぶつけて破壊するなど許されることではなかった。1980年にプラウダ紙に批判記事が掲載されたのをきっかけに、アフトクロスでのトラックの使用は全面禁止となった。禁止措置はペレストロイカに伴って1988年に解除されたが、かつての活気を取り戻すことはなかった。

・トラックレーシングの短い夢

1980年代初頭、トレーラーヘッドを改造してサーキットを走らせる「トラックレーシング」が西欧で流行し始めた。1985年にはFIAの公認競技となり、自国製トラックの市場を広げたいソ連政府も参加を決定した。1987年には、ハンガリーで開催された欧州選手権にMAZ-5432が出場した。その後、KamAZやZiL、KrAZなども参戦したが、ソ連崩壊の経済的混乱で予算が付かなくなり、1990年代中頃にいずれも撤退した。

《ZiL-4421SE》 1993年の欧州選手権出場車両。戦績は悪くなかったが、資金難で翌年撤退した。

・トラックラリーの躍進

1980年、世界一過酷なモータースポーツと言われるパリ・ダカールラリーに「カミオン」クラスが新設された。これを契機にラリーレイド界ではトラックが出場するようになり、国際販売戦略の一環としてソ連も参戦することにした。1988年にKamAZでラリーチームが発足し、3年後には初出場となるパリダカで2位と3位を獲得する快挙を遂げた。自信をつけたKamAZは積極的な参戦を続け、2022年までの総合優勝回数は19回、ステージ優勝回数は178回と他のチームの追随を許さぬ圧倒的な実力でトラックラリー界の頂点に君臨している。

《KamAZ-431010C》 1993年のパリダカ出場車両。KamAZは全台が完走を遂げた。

第5章
バスとバン

Автобусы и фургоны

自動車普及率の低いソ連において、最も人民の生活に密接な交通手段はバスだった。農村向けのボンネットバスから、都市向けの大型バスまで様々な車種が製造された。もっとも、国家経済においてはトラックの製造が最優先で、バスは需要過多の状態が常だった。

ZiS-8

ЗиС-8

トラックベースの最古参国産バス

«8» 完成体のバスとしてZiSから出荷されたのは547台だけで、大半はシャシー状態で出荷されソ連各地の修理工場で架装された。ZiS-5をベースに作られたバスもあるが、これも「8」と呼ばれることが多い。

車名	8
製造期間	1933-1936年
生産台数	547台
車両寸法	
- 全長	7,370mm
- 全幅	2,300mm
- 全高	2,750mm
- ホイールベース	4,420mm
- 車重	4,200kg
駆動方式	FR
エンジン	ZiS-5
- 構成	水冷直列6気筒 SV
- 排気量	5,550cc
- 最高出力	73hp/2,300rpm
- 最大トルク	28.4kgm/1,200rpm
トランスミッション	フロア 4M/T
サスペンション (F/R)	リジッド縦置きリーフ/リジッド縦置きリーフ
最高速度	60km/h
定員	22席/29人

1924年、モスクワ市内で初の路線バスが就航した。当初は外車が使われたが、次第にAMO-F15や4などのトラックをベースにした国産車に置き換えられた。1933年12月には、ZiS-5のLWB版である12をベースに、木造の客室を架装した「8」がバス専用車としてデビューした。車体構造自体はAMO-4ベースの前任者と変わらないが、大容量の燃料タンクなど専用部品が装備され、バッテリーも2個搭載された。8はソ連各地に普及し、都市交通の要となった。もっとも、ショックアブソーバーがなかったせいで、乗車人数が少ない際は激しい揺れに苛まされた。

ЗиС-16
ZiS-16

景観を意識した流麗な流線形ボディ

«AKZ-3» ほとんどの 16 は戦時中に軍に接収され滅失したが、一部は返還された後に各地の修理工場で独自の修復を受けた。写真は、戦後にモスクワの車体修理工場（Aremkuz）で再製された個体で、5 のエンジン、16 のボディ、150 のグリルをかけ合わせたキメラ仕様。

車名	16
製造期間	1938-1941 年
生産台数	3,250 台
車両寸法	
- 全長	8,490mm
- 全幅	2,430mm
- 全高	2,820mm
- ホイールベース	4,970mm
- 車重	5,100kg
駆動方式	FR
エンジン	ZiS-16
- 構成	水冷直列 6 気筒 SV
- 排気量	5,550cc
- 最高出力	85hp/2,600rpm
- 最大トルク	30.0kgm/1,200rpm
トランスミッション	フロア 4M/T
サスペンション (F/R)	リジッド縦置きリーフ / リジッド縦置きリーフ
最高速度	60km/h
定員	26 席 /34 人

　ソ連都市部のバス路線が充実し、ZiS-8 が街中に増えていくにつれて、そのデザインの古さが問題視されだした。トラックと顔つきが同じで角形の 8 は時代遅れだった。1938 年 3 月には、新型バス「16」がデビューした。米 IHC のバスをパクった流線形ボディとなり、ベースの ZiS-12 とは完全に異なる意匠となった。乗車定員も増加したが、車重も 900kg 増したため、エンジンの圧縮比を高めてパワー増強が図られ、ブレーキにもブースターが設置された。ようやくショックアブソーバーが装備され、乗り心地も改善された。

ЗиС-154
ZiS-154

ソ連には早すぎた e-Power バス

«154» デザインは GM の THD シリーズのパクリで、同世代のソ連製トロリーバス（MTB-82）やトラム（MTV-82）とも共通の意匠が使われている。YaAZ 製の 2 ストロークディーゼルは騒音が凄まじく、1948 年 2 月以降は ZiS-110 エンジンの低出力仕様を搭載した「154A」になった。

車名	154
製造期間	1946-1950 年
生産台数	1,165 台
車両寸法	
- 全長	9,500mm
- 全幅	2,940mm
- 全高	2,500mm
- ホイールベース	5,460mm
- 車重	7,936kg
駆動方式	RR
エンジン	YaAZ-204+DK-305A
- 構成	水冷直列 4 気筒 2 ストローク＋主電動機
- 排気量	4,654cc
- 最高出力	59hp
- 最大トルク	不明
トランスミッション	ディーゼルエレクトリック
サスペンション (F/R)	リジッド縦置きリーフ / リジッド縦置きリーフ
最高速度	65km/h
定員	34 席 60 人

　1938 年、未来の都市型バスのコンセプトカーとして「NATI-A」が製作された。アルミ製モノコックボディを持ち、エンジンをリアに搭載した、欧米先進国でも最新鋭の車体構造だった。ZiS では量産化に向けた開発が進められ、1946 年 12 月に「154」として製造が開始された。革新的なディーゼルエレクトリック方式の採用により運転が楽になり、揺れが少なく広々とした車内は運転手にも乗客にも好評だった。だが、ソ連の技術力に比べてあまりに構造が複雑で故障が頻発し、5 年間で 1,200 台強しか製造されなかった。

ЗиС-155
ZiS-155

退化するも堅実な設計で路線を支えたバス

«155» 通常の都市バスのほか、15座の高速バス仕様や、人気路線用のトレーラー仕様などもあった。1957年4月にはZiL-158のエンジンを先行搭載して「155G」となった。

車名	155
製造期間	1950-1958年
生産台数	21,736台
車両寸法	
- 全長	8,260mm
- 全幅	2,500mm
- 全高	2,940mm
- ホイールベース	4,090mm
- 車重	4,200kg
駆動方式	FR
エンジン	ZiS-124
- 構成	水冷直列6気筒 SV
- 排気量	5,555cc
- 最高出力	92hp/2,600rpm
- 最大トルク	31.0kgm/1,200rpm
トランスミッション	フロア5M/T
サスペンション(F/R)	リジッド縦置きリーフ/リジッド縦置きリーフ
最高速度	65km/h
定員	28席/50人

ZiS-154は先進的な設計のバスだったが、構造の複雑さゆえに故障も多かった。この問題は単なる改良では解決不能であると判断され、従来のトラックベースのキャブオーバー型バスが改めて設計されることになった。1950年1月に「155」の量産が開始された。外装は評判のよかった154のデザインを受け継いでいるが、ベースはFRトラックのZiS-150で構造は全く異なる。乗降口は車体中央部に移され、客室は狭くなった。トランスミッションも通常のフロア5MTとなり、エンジンの熱も相まって運転手の負担は増大した。

バスとバン

ЗиС-127
ZiS-127

国際規格不適合で引退を強いられた不遇バス

©Dmitry G

«127» 製造中止後も各地でしばらく使用されたが、華美な装飾が製造コストを無駄に上げているとの批判にさらされ、早々に引退を強いられた。車体中央に折戸を追加した都市バス版「129」もあった。

車名	127
製造期間	1956-1961 年
生産台数	851 台
車両寸法	
- 全長	10,220mm
- 全幅	2,680mm
- 全高	3,060mm
- ホイールベース	5,600mm
- 車重	10,000kg
駆動方式	RR
エンジン	YaAZ-206D
- 構成	水冷直列 6 気筒 2 ストローク
- 排気量	6,970cc
- 最高出力	180hp/2,000rpm
- 最大トルク	72.0kgm/1,400rpm
トランスミッション	フロア 4M/T
サスペンション (F/R)	リジッド縦置きリーフ / リジッド縦置きリーフ
最高速度	95km/h
定員	32 席 /32 人

　1940 年代後半、経済発展に伴って人民の都市間移動も活発になった。旅客需要の拡大に応えるべく、ZiS では長距離バス用車体の開発が進められた。1956 年 1 月には、長距離バス「127」の量産が始まった。側面にプレスラインを入れたアルミ剥き出しのボディは、GM の PD シリーズのパクリである。ところが、1959 年にソ連が「道路交通に関する条約」を批准したことで、車両全幅が最大 2,500mm に制限された。127 はこれを超過しており、製造を中止してハンガリーからイカルス 55 を輸入することになった。

ЗиЛ/ЛиАЗ-158
ZiL/LiAZ-158

急遽開発された延命仕様の大型バス

《ZiL-158》 ZiL製（158）とLiAZ製（158V）は、エンブレムのほか換気ハッチの窓の有無で区別できる。派生車種として、屋根側面に採光窓が付いた「158A」、軍用救急車「158S」などがある。

車名	158
製造期間	1956-1970年
生産台数	71,865台
車両寸法	
- 全長	9,030mm
- 全幅	2,500mm
- 全高	3,000mm
- ホイールベース	4,858mm
- 車重	5,300kg
駆動方式	RR
エンジン	ZiL-158
- 構成	水冷直列6気筒SV
- 排気量	5,555cc
- 最高出力	109hp/2,800rpm
- 最大トルク	34.0kgm/1,100rpm
トランスミッション	フロア5M/T
サスペンション (F/R)	リジッド縦置きリーフ/リジッド縦置きリーフ
最高速度	65km/h
定員	32席/60人

ソ連政府は、ZiS-129を155の後継とするつもりだった。しかし、129が国際規格を満たさず製造中止となり、代わりに155の特別仕様車として設計されていた「158」の量産が1956年4月に始まった。窓面積が大きくなり、車内暖房が導入されたほか、フレームも強化されたことで定員が増加した。他方、設計の古さからは逃れられず、騒音や雨漏り、乗降口の狭さなどについて苦情が相次いだ。1956年10月には、ZiLが130の増産に専念するため、158の製造はリキノバス工場（LiAZ）に移管された。

ЛиАЗ-677
LiAZ-677

新技術を多数盛り込んだ大食いバス

«677MB» 25座の都市向けモデル「677」と、35座の郊外向けモデル「677B」があった。1982年の改良で「677M/677MB」と進化し、外観ではバンパーが変更された。派生車種として、長距離バス「677V」、寒冷地仕様「677A」、エアポートバス「677P」などがある。

車名	677
製造期間	1968-2000年
生産台数	約200,000台
車両寸法	
- 全長	10,565mm
- 全幅	2,500mm
- 全高	3,033mm
- ホイールベース	5,150mm
- 車重	8,363kg
駆動方式	FR
エンジン	ZiL-509
- 構成	水冷V型8気筒OHV
- 排気量	6,962cc
- 最高出力	175hp/3,200rpm
- 最大トルク	48.0kgm/1,800rpm
トランスミッション	フロア2A/T
サスペンション (F/R)	リジッド縦置きリーフ+エア/リジッド縦置きリーフ+エア
最高速度	70km/h
定員	25席/80人

158の後継車種の開発は、LiAZが稼働した1961年に始まり、1968年の春に新型バス「677」の量産が開始された。スケルトンボディやエアサスなど、新技術が多数取り入れられた。トランスミッションにはトルコンATが採用され、元より大食いのZiL-375エンジンと相まって0.5km/Lと凶悪な燃費だったが、産油国のソ連では大きな問題ではなかった。他方、エンジンは相変わらず前方に配置され、スタビライザーがなくカーブ時に激しいロールが発生するなど、新技術と旧式設計が入り混じった存在でもあった。

ЛиАЗ-5256
LiAZ-5256

現代に繋がる新世代の都市型路線バス

«5256» 3ドアの都市仕様。派生車種として、2ドアの郊外仕様「52565」、4ドアの連節バス「6212」などがある。ハンガリーでは、このプロジェクトに基づいてイカルスの「415」が誕生したが、開発作業は独自で進められたため、LiAZとの共通部品はほぼない。

車名	5256
製造期間	1989-2021年
生産台数	約26,000台
車両寸法	
- 全長	11,400mm
- 全幅	2,500mm
- 全高	3,007mm
- ホイールベース	5,840mm
- 車重	9,960kg
駆動方式	RR
エンジン	KamAZ-740.10
- 構成	水冷V型8気筒 OHV
- 排気量	10,850cc
- 最高出力	210hp/2,600rpm
- 最大トルク	65.0kgm/1,500rpm
トランスミッション	フロア3A/T
サスペンション(F/R)	リジッドエア/リジッド縦置きリーフ+エア
最高速度	80km/h
定員	23席/110人

1960年代に始まったイカルス製バスの輸入は、ソ連とハンガリーの技術協力を深化させた。共同開発も行われ、1974年には「11-630（ミール）」という試作車が発表された。これをベースとして、LiAZは1989年7月に「5256」の量産を開始した。KamAZの創業によってディーゼルエンジンの安定した調達が可能となり、リアにエンジンを置くことで広い室内空間を確保した。これまでのソ連製バスと比べると床面も低くなり、現代的な構造となった。ノンステップ化などの改良を加えつつ2017年まで製造が続いた。

ЛАЗ-695
LAZ-695

ウクライナ生まれの流麗な中型バス

«695»「リヴィウ」と呼ばれる前期型は、1957-58年式の「695」、1958-64年式の「695Б」、1963-69年式の「695Е」、1969-76年式の「695M」と4段階の進化を遂げる。派生車種として、長距離バス「697」、LWB長距離バス「699」、原発事故対応車「692」などがある。

車名	695	695N
製造期間	1957-1976年	1976-2010年
生産台数	約74,000台	約176,000台
車両寸法		
- 全長	9,220mm	9,190mm
- 全幅	2,500mm	2,500mm
- 全高	3,050mm	2,970mm
- ホイールベース	4,190mm	4,190mm
- 車重	6,300kg	6,800kg
駆動方式	RR	RR
エンジン	ZiL-158	ZiL-130
- 構成	水冷直列6気筒SV	水冷V型8気筒OHV
- 排気量	5,555cc	5,969cc
- 最高出力	109hp/2,800rpm	150hp/3,200rpm
- 最大トルク	34.0kgm/1,100rpm	41.0kgm/1,800rpm
トランスミッション	フロア5M/T	
サスペンション (F/R)	リジッド縦置きリーフ+コイル	リジッド縦置きリーフ+コイル
最高速度	65km/h	86km/h
定員	32席/55人	34席/67人

1950年代初頭、全国的なバス不足への対処として、リヴィウバス工場（LAZ）の建設が決定された。当初はZiS-155を製造する予定だったが、若手エンジニアたちの希望で独自開発が進められた。1957年12月にLAZ初のバス「695」の量産が始まった。流麗な流線形ボディは、西独マギルス＝ドイツの03500のパクリだったが、RRレイアウトも相まって当時のソ連では先進的な存在と評価された。1976年1月には、「695N」に進化した。フェイスリフトが行われたが、こちらもマギルスTR120のパクリである。

«695E» 1963-69 年式モデル。ホイールアーチが丸型になった。エンブレムもマギルスのパクリ。

«695M» 1969-76 年式モデル。側面窓が大きくなり、特徴的だった採光窓がなくなった。

«695N» 「ナターシャ」と呼ばれる 1976 年登場の後期型。派生車種として、天然ガス仕様「695NG」、ディーゼル仕様「695D」、長距離バス「697N」、LWB 長距離バス「699R」、宇宙飛行士用バス「699P」などがある。

1984-91 年式は、軍事動員時に救急車に転用できるよう、前面に搬入口が設けられている。

«699R» LWB の観光バス。リクライニング可能な座席が装備されている。

バスとバン　211

ЛАЗ-4202
LAZ-4202

政府指示の突貫作業で生まれた不良品

«42021» 4202は耐久性の問題から早々に改良を迫られ、1985年に「42021」がデビューした。フレームが強化されてリアのデザインも一部変更されたほか、ATを諦めてMTとなった。派生車種として、長距離バス「42022」、移動食堂車「4969」などがある。

車名	4202
製造期間	1978-1993年
生産台数	10,153台
車両寸法	
- 全長	9,700mm
- 全幅	2,500mm
- 全高	2,945mm
- ホイールベース	4,370mm
- 車重	8,600kg
駆動方式	RR
エンジン	KamAZ-740.10
構成	水冷V型8気筒OHV
排気量	10,850cc
- 最高出力	180hp/2,600rpm
- 最大トルク	55.0kgm/1,400rpm
トランスミッション	フロア3A/T ／フロア5M/T
サスペンション (F/R)	リジッドエア／リジッドエア
最高速度	77km/h
定員	25席/69人

1967年、LAZは「698」という試作車を作成したが、695Nの完成度の高さなどから量産化の認可が下りずお蔵入りとなった。ところが、モスクワ五輪の開催が決まると、政府は一転695Nの更新を指示し、急遽698を手直しして、1978年11月に「4202」の生産が始まった。しかし、試験不足の車体は耐久性を欠いており、KamAZ製ディーゼルエンジンの大きな振動がフレームにダメージを与え、3年程度で廃車になる有様だった。さらに新開発のATはオイル漏れが多く、バス会社からの評判は極めて悪かった。

ГАЗ-3
GAZ-3

1940年代の郊外路線を支えた小型バス

《03-30》 1938年登場の後期型。戦時中は製造が停止され、戦後モデルはMMと同じく一部が簡素化された。1946年4月には、支局であるゴーリキーバス工場（GZA）に製造が移管された。派生車種として、救急車「55」、AAAベースの3軸バス「05-193」、3軸救急車「05-194」などがある。

車名	3
製造期間	1933-1950年
生産台数	14,808台
車両寸法	
- 全長	5,680mm
- 全幅	2,032mm
- 全高	2,392mm
- ホイールベース	3,340mm
- 車重	2,270kg
駆動方式	FR
エンジン	GAZ-M
- 構成	水冷直列4気筒 SV
- 排気量	3,285cc
- 最高出力	50hp/2,800rpm
- 最大トルク	17.0kgm/1,300rpm
トランスミッション	フロア4M/T
サスペンション(F/R)	横置きリーフ/リジッド縦置きリーフ
最高速度	65km/h
定員	16席/18人

GAZが「AA」の製造に着手した後、これをベースとしたバスが求められた。もっとも、バスはフォードとの契約の範囲外で、GAZは独自で開発作業を進める必要があった。1932年11月に試作車「1」が製作されたが、ボディが重すぎてお蔵入りとなった。続いて1933年1月に重心を低くした「2」が製作されたが、今度は屋根が低すぎて不便だった。同年7月にこれらを改善した「3」の量産が始まった。1938年には、GAZ-MMの新型エンジンを搭載し、オーバーハングが短縮された「03-30」にマイナーチェンジされた。

ГЗА/КАвЗ/ПАЗ/РАФ-651
GZA/KAvZ/PAZ/RAF-651

ソ連全土で製造された人民のアシ

«651A» 1957年にPAZ独自の改良で車体フレームが金属製の「651A」に進化した。製造元の工場は、ボンネット側面の刻印で区別できる（上の写真はKAvZ製）。後述の派生車種のほか、貨客仕様「651G」、現金輸送車「655」、バン輸送車「657」などがあった。

車名	651
製造期間	1950-1973年
生産台数	不明
車両寸法	
- 全長	6,170mm
- 全幅	2,360mm
- 全高	2,625mm
- ホイールベース	3,300mm
- 車重	3,750kg
駆動方式	FR
エンジン	GAZ-51
- 構成	水冷直列6気筒SV
- 排気量	3,485cc
- 最高出力	70hp/2,800rpm
- 最大トルク	20.5kgm/1,500rpm
トランスミッション	フロア4M/T
サスペンション (F/R)	リジッド縦置きリーフ/リジッド縦置きリーフ
最高速度	70km/h
定員	19席/23人

GAZ-51のデビュー後、これをベースとしたバスを開発することになった。当初はキャブオーバー型も検討されたが、早急な量産化が求められたため、ボンネット型となった。1950年12月に新型バス「651」の量産がゴーリキーバス工場（GZA）で始まったが、生産能力の問題から、1952年にパヴロヴォバス工場（PAZ）に移管された。1953年にはリーガ第二自動車修理工場（RARZ）、1958年にはクルガンバス工場（KAvZ）でも製造が始まった。全国的なバス不足から、地方の修理工場でもコピー品が製造された。

«651V» 国防省の要請で開発された救急車。民間のＸ線検診車としても使用された。

«659» 陳列棚などを備えた移動販売車。農村部での生活用品販売に使われた。写真の個体はPAZ製。

«663» GAZ-63のシャシーを使用した全輪駆動バス。僻地への測地機器の輸送に使用された。

«KAG-1» カウナス自動車修理工場製の651のコピー品。全国でこのような車両が製造された。

«リツァ» ソチ交通局の中央修理工場（TsARM）で製造された651ベースのオープンバス。黒海沿岸の保養地でツアーバスとして使われた。名前はアブハジアのリツァ湖に由来する。

PAZ-652

ПАЗ-652

先進的なモノコックボディの小型バス

«652В» 1963年から製造されている改良型。溶接や防錆加工の品質を上げて耐久性を上げたほか、屋根の換気ハッチが6つに増え、側面の窓も全体がスライド式となった。長距離観光バス仕様の「652T」も試作されたが、量産には至らなかった。

車名	652
製造期間	1958-1968年
生産台数	62,121台
車両寸法	
- 全長	7,150mm
- 全幅	2,590mm
- 全高	2,800mm
- ホイールベース	3,600mm
- 車重	4,340kg
駆動方式	FR
エンジン	GAZ-652
- 構成	水冷直列6気筒 SV
- 排気量	3,485cc
- 最高出力	90hp/3,600rpm
- 最大トルク	21.5kgm/1,500rpm
トランスミッション	フロア 4M/T
サスペンション (F/R)	リジッド縦置きリーフ/リジッド縦置きリーフ
最高速度	80km/h
定員	23席/42人

GZAでは、651と並行してキャブオーバー型バス「652」の開発も行われていた。都市部では輸送力に優れるバスの需要が高まっており、GZAの閉鎖後もプロジェクトはPAZに引き継がれた。652の量産は、1958年3月に始まった。機構部の多くや6気筒エンジンはGAZ-51から流用されていたが、ボディはモノコックが採用され、GAZ製シャシーを使わなくなったことで生産能力が向上した。耐久性の問題はあったものの、空気圧式の自動ドアやエンジン排熱を利用した暖房は画期的で、乗客の評判は上々だった。

ПАЗ-672
PAZ-672

耐久性には自信アリ！地方都市人民のアシ

«672M» 1982年に改良型「672M」となり、側面窓の一部がはめ殺しの非常脱出口になった。派生車種として、LNG仕様「672Zh」、山岳仕様「672G」、寒冷地仕様「672S」、全輪駆動「3201」、冷蔵車「3742」などがある。

車名	672
製造期間	1967-1989年
生産台数	288,688台
車両寸法	
- 全長	7,150mm
- 全幅	2,440mm
- 全高	2,952mm
- ホイールベース	3,600mm
- 車重	4,535kg
駆動方式	FR
エンジン	ZMZ-672
- 構成	水冷V型8気筒 OHV
- 排気量	4,250cc
- 最高出力	115hp/3,200rpm
- 最大トルク	29.0kgm/2,000rpm
トランスミッション	フロア 4M/T
サスペンション (F/R)	リジッド縦置きリーフ/リジッド縦置きリーフ
最高速度	80km/h
定員	23席/45人

PAZ-652のデビューと同じくして次期モデルの開発が始動し、1967年10月には、新型の小型バス「672」の量産が始まった。評判の良かった652Bの車体は継続して使われ、外観の変更点は、運転席横の窓が大きくなり、フォグランプが埋め込み式になった程度である。機構面では、GAZ-53と同型の強力なV8エンジンが搭載されたほか、パワステとトランスミッションのシンクロが標準装備となり、運転手の負担が軽減された。フレーム強化によって耐用走行距離は30万kmに伸び、製造終了後も各地で使用が続いた。

ПАЗ-3205
PAZ-3205

先進設計のおかげで30年間現役車種

«32053» 25座/2ドアの郊外仕様「3205」と、23座/3ドアの都市仕様「32051」があり、2001年の改良でそれぞれ「32053/32054」となった。派生車種として、長距離仕様「3205-50」、全輪駆動「3206」、30座のLWB版「4234」などがある。

車名	3205
製造期間	1989年-現在
生産台数	不明
車両寸法	
- 全長	7,000mm
- 全幅	2,500mm
- 全高	2,947mm
- ホイールベース	3,600mm
- 車重	4,830kg
駆動方式	FR
エンジン	ZMZ-5234
- 構成	水冷V型8気筒OHV
- 排気量	4,670cc
- 最高出力	130hp/3,200rpm
- 最大トルク	32.0kgm/2,000rpm
トランスミッション	フロア4M/T
サスペンション (F/R)	リジッド縦置きリーフ/リジッド縦置きリーフ
最高速度	80km/h
定員	28席/42人

　PAZ製バスのフルモデルチェンジ計画は、1960年代から存在した。試作車は度々作られたが、予算を渋られて製品化への道のりは遠く、本格的に新型車「3205」の計画が始まったのは1978年になってからだった。LiAZやLAZでは既に導入されていたスケルトンボディを採用し、デザインも流行の角形となった。パワートレインには672MのZMZ製V8エンジンが継続登用され、足回りなどはGAZから流用された。1984年までに設計は完了したが、一部部品の製造準備が整わず、量産の開始は1989年までずれ込んだ。

КАвЗ-685
KAvZ-685

農村人民に寄り添うボンネットバス

«685» 1984年には53-12ベースの「685M」、1986年には内装と屋根のデザインを変更した「3270」、1991年にはダッシュボードのデザインを変更した「3271」と進化した。派生車種として、寒冷地仕様「685V/685S/327001」、山岳仕様「685G/3270012」などがある。

車名	685
製造期間	1972-1993年
生産台数	約300,000台
車両寸法	
- 全長	6,500mm
- 全幅	2,380mm
- 全高	3,030mm
- ホイールベース	3,700mm
- 車重	4,080kg
駆動方式	FR
エンジン	ZMZ-53
- 構成	水冷V型8気筒OHV
- 排気量	4,250cc
- 最高出力	125hp/3,400rpm
- 最大トルク	30.0kgm/2,500rpm
トランスミッション	フロア4M/T
サスペンション (F/R)	リジッド縦置きリーフ/リジッド縦置きリーフ
最高速度	90km/h
定員	20席/28人

PAZ-652の生産が始まった後も、農村部や山岳地帯を中心として、整備性が良く取り回しに優れるボンネット型バスの需要があった。そこで、GAZ-52のシャシーにPAZ-651のボディを載せた試作車「671」が製作され、このプロジェクトはKAvZに移管された。KAvZでの開発作業の末、53Aのシャシーに新設計のボディを載せた「685」の量産が1972年10月に始まった。フロントガラスには湾曲した大型ガラスが採用され、リアのピラーにも窓が設けられた。優れた耐久性は定評があり、ソ連全土に普及した。

КАвЗ-3976
KAvZ-3976

設計が古すぎて路線バスとして認められず

《3976》 2000年にZMZ-513エンジン搭載の改良型「39762」となった。派生車種として、ディーゼル仕様「39763」、LWB仕様「39765」、全輪駆動車「39766」、寒冷地仕様「3976-01」、山岳仕様「3976-012」、貨客仕様「3976-014」などがある。

車名	3976
製造期間	1989-2008年
生産台数	約450,000台
車両寸法	
- 全長	6,915mm
- 全幅	2,380mm
- 全高	2,835mm
- ホイールベース	3,770mm
- 車重	4,450kg
駆動方式	FR
エンジン	ZMZ-513
- 構成	水冷V型8気筒OHV
- 排気量	4,250cc
- 最高出力	125hp/3,300rpm
- 最大トルク	30.0kgm/2,250rpm
トランスミッション	フロア4M/T
サスペンション（F/R）	リジッド縦置きリーフ／リジッド縦置きリーフ
最高速度	90km/h
定員	20席/28人

GAZ-3307の登場に伴って、KAvZではこれをベースとしたバスの開発が始まった。本来、バスに与えられる車両コードの3桁目は「2」だが、旧式の3271のボディを3307のシャシーに載せただけの本車種は公共交通として求められる性能を満たせず、特殊車両を示す「9」のコードが与えられた。「3976」は1989年1月に量産に入ったが、公共交通では使用されず、工場労働者の送迎車やスクールバスとして使われた。特殊車両は型式認証が簡便だったため、これを活かした派生車種も多く、約20年の長寿車種となった。

少数生産バス

自動車普及率の低いソ連では、バスは人民の生活や国家の活動における重要なアシだったが、トラックの製造に押されて供給は常に不足していた。そこで、各共和国や省庁の傘下にある工場で、用途に応じた独自のバスが少数生産されることも多かった。

«RAF-251» 651の製造開始によって独立した自動車工場となったRARZは、1954年にリーガバス工場（RAF）に名称変更された。独自車種の開発も進められ、早くも1955年11月には、GAZ-51ベースのキャブオーバー型バス「251」の量産が始まった。1958年に番号の割当てが変更され「976」となり、1967年にはボディフレームを金属製にした「976M」に進化した。バルト三国やその近辺の普及に限られたが、オーバーホールを繰り返しながら1980年代まで細々と製造が続いた。写真は976。

«ATUL-AL» 1930年代のソ連のバスは、自動車工場からシャシー状態で出荷され、各地の修理工場でボディを架装することが多かった。レニングラードソビエト交通管理局（ATUL）の修理工場もその一つだったが、1934年頃からZiS-11をベースとした独自デザインのバス「AL-1」を製造するようになった。ボンネット部分はZiS-5と同様ながら、客室部分は流線形の先進的なボディを備えていた。1936年には、LWBの3軸仕様「AL-2」が作られ、ボンネットもZiS-16風となった。写真はAL-2。

«ATUL-L» 終戦を迎えて都市の復興が始まると、戦災で滅失したバスの需要が高まった。ATULは、戦前設計の車両を再生産せず、1946年にZiS-5のシャシーを使った独自設計のバス「L-1」の量産に着手した。これがソ連では初の量産型キャブオーバー型バスだった。ZiSやGZAなどの国営工場製のバスが量産されるようになると、ATULは役目を終え、1950年にバス製造を終了した。写真は、3軸仕様の「L-3」。このほか、LWB仕様「L-2」、ZiS-150ベースのボンネットバス「L-4」などがあった。

«KAG-3» 戦前からバスを生産してきたカウナスバス工場（KAG）は、国有化された1944年来、ATUL-L-1やGZA-651のコピー品を細々と作っていた。1956年には、GAZ-51ベースの独自設計のキャブオーバー型バス「3」の量産が始まった。木造ボディのせいで車両火災が度々発生し、1960年代に公共交通では使用されなくなったが、バス不足から需要は絶えず、送迎車両や業務車両向けに1970年代まで製造が続いた。写真の貨客仕様「33」のほか、貨物バン「31」、パン輸送車「32」などがあった。

バスとバン

«KMZ-クバーニ» 1962年、ソ連文化省は、劇団員の輸送に使うバスの開発を要請したが、どの工場も余裕がなく相手にされなかった。業を煮やした文化省は、クラスノダールの修理工場と家具工場をロシア共和国文化省の傘下において、クラスノダール機械工場（KMZ）を設立し、自前でKAG-3のコピー品に専用シートを装備した「62」の製造を開始した。1967年にはGAZ-51Aベースの「G1」に進化した。これをベースにした文化活動支援車は、政府中枢の評価も高かった。写真は53-12ベースの「G1A1-02」。

«ウラーレツ-66» 1965年、経済評議会傘下にあったニジニタギル郊外のウラーレツ自動車部品工場を、ロシア共和国文化省が引き取った。KMZと同じく文化活動目的のバスを製造することとなり、GAZ-51Aをベースとした独自設計のバス「66」が1967年1月から量産に入った。劇団員の輸送バスなどを中心に生産が続いたが、安全規制に対応しきれず、1979年にバスの製造を止めて遊園地遊具の工場に転換された。写真は、文化活動支援車「66AS」。映画投影機やスピーカーなどを積み、農村部の文化活動に貢献した。

«PMZ-PAG» 1967年、ロシア共和国土地改良水利省は、労働者輸送用の小型バスを要請した。しかし、需要過多の国営バス工場からは割り当てを貰えず、同省傘下のプスコフ機械工場（PMZ）にバスの開発を命じた。もっとも、PMZの敷地は220㎡しかなく、バス開発の経験も皆無であった。GAZ-52ベースのバス「PAG-1」が完成したが、その出来は酷く、従業員はお蔵入りを期待した。ところが、なぜか省からゴーサインが出てしまい、量産体制が敷かれることとなった。写真は、53Aベースの「PAG-2M」。

«ChAZ-タジキスタン» 1958年、ソ連中型機械製造省は、タジキスタンのウラン鉱山で労働者輸送を担うバスの開発を決定した。地元の修理工場をチカロフスクバス工場（ChAZ）に改組し、KAG-3のコピー品が「T-1」として製造された。シャシーを変更しながらT-2、T-5/3205と進化し、ソ連各地の核関連施設で使用された。チェルノブイリ原発事故では、放射線遮蔽パネルと換気システムを備えた特別仕様車が突貫で製造され、現場作業員の輸送を担った。写真は3205。なお、PAZ-3205とは無関係。

«ChZU- チェルニゴフ» 1947 年、ソ連国家映画委員会（ゴスキノ）は、チェルニゴフに映画撮影機材の修理工場を設立した。機材運搬車や撮影車の改造なども担うようになり、1961 年に人形劇場から地方公演に使うバスの製造を依頼されたのを機に、GAZ-51 ベースの独自設計バスの製造を開始した。バス不足は映画業界でも同様で、ロケバスなどとしてソ連全土を駆け巡った。1976 年にウクライナ映画技術産業チェルニゴフ工場（ChZU）と改称され、バス製造が主任務となった。写真は 53A ベースの「ASCh-03」。

«VOEZ- ゴリゾント» 1960 年代初頭、ソ連石炭産業省は、同省傘下の消火器工場に鉱山救助隊向けのバスの製造を命じた。当初は PAZ-651 を改造して使用していたが、バス不足から供給が不安定で、独自のバスを自前で製造することとなった。1970 年には、GAZ-53A をベースとしたキャブオーバー型バス「53G1」が設計され、量産が始まった。同時に工場も、ヴォロシロヴグラード試験工場（VOEZ）と改称された。内装は、救助隊の装備や消火設備、発破用の爆薬などを搭載できるよう設計されている。

«TART-TA-6» タルトゥ自動車修理工場（TART）では、エストニア国内のバス需要を賄うため、1955 年頃から GZA-651 のコピー品を製造していた。翌年には、GAZ-51 をベースに RAF-251 類似のボディを架装したキャブオーバー型バス「TA-6」が開発された。ソ連の慢性的なバス不足はエストニアでも同様で、使い古した TA-6 は何度もオーバーホールによって再生された。1987 年以降は金属フレームのボディに換装した「TA-6-1」に進化した。写真は 3 度目の再生を遂げた TA-6-1。

«BakAZ-3219» 1978 年、PAZ で 672 をベースとした冷凍車「3742」が開発された。2 年後にはバクー特殊車両工場（BZSA）が新設され、3742 の生産が移管された。アゼルバイジャンでのバス需要を満たすため、1989 年に BZSA はバクー自動車工場（BakAZ）と改称され、3742 をベースとしたバス「3219」の製造が始まった。先祖返りを遂げた BakAZ 製バスは、設計が稚拙でデザインも醜いものだったが、672 より天井が高く乗車定員も多いことを強みに、ロシアの地方都市にも輸出された。

バスとバン　　**223**

★コラム　トロリーバス

・電化政策とトロリーバス

「共産主義とは、ソビエト権力に全土の電化を加えたものである」レーニンは、こう述べて国家電化計画を推し進めた。1931年には目標値である年間発電量88億kWhが達成され、電力コストが大幅に下がった。その結果、ガソリンよりも電気が安くなり、市内公共交通として架線から電気供給を受けて走行するトロリーバスの導入が検討されるようになった。

当初はドイツから車体を輸入する計画だったが、外貨不足で頓挫し、自前でトロリーバスを製造することになった。設計はNATIが担当し、シャシーは

《LK-1》 ソ連初のトロリーバス。2台が製造されたが、1号車は開業前夜に保管庫の床が抜けて大破した。

YaGAZ、ボディはZiS、パワートレインはモスクワ電気機械工場がそれぞれ製造し、ソコリニキ車両修理製造工場（SVARZ）が組み立てを担った。ソ連初となるトロリーバスは、計画を主導したL.カガノーヴィチを記念して「LK-1」と名付けられた。

1933年11月には、モスクワで7.5kmのトロリーバス路線が開通した。1935年にはキエフ電気交通工場（KZET）で、1936年には第一車両修理工場（VARZ）でも同型車の製造が始まり、キエフ、ロストフ・ナ・ドヌー、レニングラードにもトロリーバス路線が敷かれた。ところがLKシリーズには、木製ボディから雨水が浸透して漏電を起こす、前輪の荷重が過大で操作性に難があるなど、設計上の欠陥が多々あった。1937年には、レニングラードで前輪の過負荷によってタイヤがパンクし、川に転落して乗客全員が死亡する大事故が発生した。LKシリーズは使用中止となり、責任者は処刑された。

《YaTB-1》 1930年代後半から40年代の主力車種。YaTBシリーズは900台以上が製造された。

品質の安定のためには単一の工場で設計から製造までを完結するのが望ましいと判断され、YaAZで新型トロリーバスが開発されることになった。1936年1月には「YaTB-1」の製造が開始された。改良版の「YaTB-2」、英AECからコピーした二階建てバス「YaTB-3」なども登場し、路線網も拡大された。静かで快適なトロリーバスは、バスやトラムより高級な交通機関と位置づけられ、運賃も3割ほど高かった。それでも人民の評判は上々で、アトラクションとして周回を楽しむ迷惑客もいたという。

・戦後のトロリーバス

ガソリン駆動のバスが相次いで戦地に徴用される中、トロリーバスは都市人民のアシとして戦時中も活躍した。戦後、これらの車両は荒廃した東欧諸国に提供され、ソ連では新型車両の開発が進められた。1946年には、トゥシノの第82航空工場で新型トロリーバス「MTB-82」の製造が始まった。機構自体は戦前と大差ないが、ボディにジュラルミンを使用して軽量化を図った。1951年にはウリツキー記念工場（ZiU）に製造が移管された。これ以降、ZiUはソ連最大のトロリーバス工場となり、1955年の「TBU-1」、1959年の「ZiU-5」、1972年の「ZiU-682」などソ連全土に普及する代表的車種を数多く製造した。

1954年の全ソ連農業博覧会（VSKhV）再開にあたって、敷地内を巡回する遊覧トロリーバスが作られることになった。設計製造はSVARZが受注し、MTB-82をベースに広い室内と大型のガラスを備えた特製ボディを架装した「TBES（ソコリニキ遊覧トロリーバス）」の製造が始まった。TBESは乗り心地が良く人民にも好評で、市内交通用に小型化した「MTBES」も製造されることになった。

1957年には、KZETでもMTBESの製造が始まった。KZET製の車両には「キエフ」というサブネームが与えられた。1960年以降は独自に改良が実施され、デザインも変更されて「キエフ-2」となった。その後「キエフ-6」まで進化を遂げたが、1972年に製造が中止され、KZETは旅客用トロリーバスから撤退した。

・トロリートラック

架線から供給される電気で車両を動かすというアイデアは、旅客用のバスに限った話ではなかった。トロリーバスの開業と同時に、車体後部を荷台に架装したトロリートラックが製造されるようになり、主に交通局の技術支援に用いられた。戦時下では、燃料不足からトロリートラックが一般の物資輸送にも多く使われるようになった。

騒音や排気ガスを撒き散らさないトロリートラックは都市人民の生活に馴染み、大都市を中心に普及した。架線がない場所や損傷した場所でも使用したいとの要請から、SVARZは1961年にエンジンを搭載したハイブリッド型トロリートラック「TG-3」を開発した。1972年にはKZETに製造が移管され、「KTG」シリーズとして1990年代中頃まで製造が続いた。

TGやKTGシリーズとは逆の発想で、MAZやKrAZ製の通常のトラックに集電装置とモーターを搭載したトロリートラックも開発された。採石場などでの使用が想定されていたが、架線の設置コストなどが割に合わず、試験製造の域を出ることはなかった。

«BelAZ-E524-792» トロリー仕様の65tダンプ。登り坂が苦手という致命的欠陥があった。

«MTB-82D» 1948年登場の本格量産型。デザインはZiS-154と同様にGM製バスのパクリ。

«ZiU-682V» 1976年登場の改良型。1991年登場の「682G」と共にソ連全土で採用された。

«SVARZ-TBES» 正面のレリーフは、VDNKh正門の「トラクター運転手と集団農場の女性」。

«KTG-1» KZET製のバン型トロリートラック。屋根のコックピットは後年追加されたもの。

РАФ-10
RAF-10
フェスティヴァーリ
ラトビア生まれの元祖ソ連ミニバス

Фестиваль

«10» 1957年製造の初期モデル。フロント中央に寄せられたヘッドライトが特徴的だが、このせいでラジエーターに走行風が当たらず、オーバーヒートの原因となっていた。

車名	10
製造期間	1957-1959年
生産台数	約10台（試作）
車両寸法	
- 全長	4,940mm
- 全幅	1,810mm
- 全高	1,940mm
- ホイールベース	2,700mm
- 車重	2,005kg
駆動方式	FR
エンジン	GAZ-20
- 構成	水冷直列4気筒 SV
- 排気量	2,112cc
- 最高出力	50hp/3,600rpm
- 最大トルク	12.7kgm/2,200rpm
トランスミッション	フロア 3M/T
サスペンション (F/R)	ダブルウィッシュボーンコイル/リジッド縦置きリーフ
最高速度	80km/h
定員	10席/10人

1959年製造モデル。ラジエーターグリルが別個に設けられた。

RAFは、バルト三国向けの小型バスとして、GAZ-51ベースの「251」を製造していた。しかし、人口の少ない地域では251は過剰に大きく、輸送効率の悪さが指摘されていた。そんな折、RAFの主任設計者であったL.クレゲは、出張でモスクワに赴いた際に、西ドイツ使節が持ち込んだVWトランスポーターを目撃した。10人程度が乗れる乗用車ベースのミニバスは、まさに求められていた姿だった。

　リーガに帰ったクレゲは、数人の同僚と協力して、1957年にGAZ-ポベーダのエンジンを搭載した10人乗りマイクロバス「10」を開発した。RRのトランスポーターとは異なり、キャブオーバー型のFRだが、乗客や荷物を載せたり、トラックとしても使うことを考慮すると、そちらの方が合理的だった。しかし、ラトビアSSR政府に設備投資を渋られて予算が付かず、量産化は見送られた。

　10は、同年にモスクワで開催された世界青年学生祭典で初披露されることになり、ラトビア語で祭りを意味する「フェスティヴァールス（Festivāls）」というサブネームが与えられた。これを見た中央省庁の官僚たちの反応は肯定的で、政府主導の開発体制が敷かれることになった。当時はVWに端を発した世界的なマイクロバスブームが到来しており、ソ連もマイクロバス市場で外貨を稼ごうとの思惑があったようだ。

　製品版の開発はMZMAで進められ、1958年に402型モスクヴィッチの部品を流用した9人乗りバス「A9」が製作された。しかし、慢性的生産遅滞のMZMAに新型車製造の余裕はなく、結局開発はRAFに戻された。1960年には「08」が製作されたが、ミニバスとして使用するには10の方が適格であるとされ、製品化には至らなかった。他方で、10もベースとなるポベーダの製造終了によって量産できず、次期モデル「977型」が開発されることになった。

《08》 モスクヴィッチベースの8人乗りモデル。ラトビア民話の英雄である「スプリーディーティス（Sprīdītis）」というサブネームが与えられた。アップデート版の「978」というモデルも製作されたが、存在意義を疑問視されお蔵入りとなった。

バスとバン

РАФ-977
RAF-977
ラトビア（初代）

路線網の拡充に貢献した公共交通の革命児

Латвия

《977E型》 1962年に中期型の977D型と同時に登場した観光仕様、通称「ツーリスト」。外国人観光客の遊覧向けに設計されており、専用のシートやルーフキャリア、ガイド向けのマイクなどが装備される。1968年には977DM型とともに「977EM型」となった。

車名	977型
製造期間	1960-1976年
生産台数	不明
車両寸法	
- 全長	4,900mm
- 全幅	1,810mm
- 全高	1,940mm
- ホイールベース	2,700mm
- 車重	1,640kg
駆動方式	FR
エンジン	ZMZ-21
構成	水冷直列4気筒 OHV
排気量	2,445cc
- 最高出力	70hp/4,000rpm
- 最大トルク	17.0kgm/2,200rpm
トランスミッション	フロア 3M/T
サスペンション (F/R)	ダブルウィッシュボーンコイル/リジッド縦置きリーフ
最高速度	110km/h
定員	10席/10人

《977V型》 1960年登場の前期型。デザインはRAF-10とほぼ同じだが、Bピラーが太い。

GAZ-ポベーダの生産終了と後継車種ヴォルガの登場に伴い、それに応じた改良を RAF-10 に施して製品化が進められた。1958 年末には、第 21 回共産党大会の貢ぎ物として突貫で新型車が製作され、正式に型式の枠が与えられて「977 型」が誕生した。祖国の名を冠した「ラトビア」というサブネームも与えられた。

　1960 年 7 月には、量産モデルとなる「977V 型」がデビューした。箱型のモノコックボディは剛性が不足していたため、リベット止めからスポット溶接に変更され、B ピラーが太くなり、フロアも強化された。屋根には換気ハッチが新設された。

　1961 年に、NAMI による 977V 型の走行試験が行われた。走行中の騒音や雨漏りから始まり、フロントガラスのピラーが視界を遮り危険、フロアが高すぎて頭をぶつける、前車軸に荷重が集中しすぎて空車時にトラクションがかからない等々、解決に根本的な構造を変更せざるを得ない指摘が相次いだ。

　これらの問題を解消した「977 D 型」は、1962 年 5 月にデビューした。フロントガラスは 1 枚の湾曲ガラスとなり、床下に収納していたスペアタイヤを客室後部に移動させてフロアを下げた。エンジンは後方にずらされ、荷重バランスも見直された。同時にフロントマスクもアップデートされた。

　997D 型になってようやく大規模な量産体制が敷かれたが、需要の拡大とともに計画経済の宿命である生産遅滞が発生するようになり、RAF は対応を迫られた。1968 年 5 月に登場した「977DM 型」は、客室ドアを前部ドアと同じ幅にすることで、製造ラインの効率化を達成した。客室窓は片側 5 枚から幅広の 3 枚となり、定員も 11 人に増加した。ラトビアシリーズは、バス不足にあえぐ公共交通の救世主としてソ連全土に普及し、道路交通の新しいアイコンとなった。

《977DM型》　1968 年登場の後期型。多くが乗り合いタクシー（マルシュルートカ）として使用した。

《977IM型》　救急車。このモデルの登場によってソ連全土に普及が促進された。

《977K型》　1962 年登場のパネルバン。生産能力の問題から 1966 年以降は ErAZ に移管された。

《980型》　1960 年登場のロードトレイン。空港のランプバスや、VDNKh の遊覧に使用された。

РАФ-2203
RAF-2203
ラトビア（2代目）
モスクワ五輪を陰で支えた新世代ミニバス

Латвия

《2203型》 1975年登場の前期型。24型ヴォルガのエンジンを搭載する。輸出市場でも戦える設計を目指したが、多くは国内消費に回された。派生車種として、救急車「22031型」、交通警察車両「22033型」、消防指揮車「22034型」などがある。

車名	2203型	22038型
製造期間	1975-1987年	1987-1997年
生産台数	不明	
車両寸法		
- 全長	4,940mm	
- 全幅	2,210mm	
- 全高	1,970mm	
- ホイールベース	2,620mm	
- 車重	1,750kg	
駆動方式	FR	
エンジン	ZMZ-24D	ZMZ-402
- 構成	水冷直列4気筒OHV	水冷直列4気筒OHV
- 排気量	2,445cc	2,445cc
- 最高出力	95hp/4,500rpm	98hp/4,500rpm
- 最大トルク	19.0kgm/2,400rpm	18.4kgm/2,600rpm
トランスミッション	フロア4M/T	
サスペンション（F/R）	ダブルウィッシュボーンコイル/リジッド縦置きリーフ	
最高速度	125km/h	
定員	12席/12人	

《2203-01型》 1987年の中期型。24-10型ヴォルガのエンジンになり、バンパーも変わった。

初代ラトビアの後継車種の開発は、1963年に始まった。化学産業の振興を目指すフルシチョフ政権の意向で、量産自動車としては最先端素材であったグラスファイバー製ボディが設計され、「982」という試作車が1965年に完成した。しかし、フルシチョフの失脚とともに開発予算が削減され、加えて試作車も重大事故を起こしたことでグラスファイバーはお蔵入りになった。ウエッジシェイプの近未来的なデザインをそのまま金属製とした試作車「982-2」が製作され、これが量産モデルの基礎となった。

1975年12月、イェルガヴァにRAFの新工場が完成し、同時に2代目ラトビアとなる「2203型」の量産が始まった。前車軸の過負荷の解消のため、セミボンネットが採用され、同時に運転席を後部にずらして重量配分を改善した。エンジンやギアボックスはGAZ-24型ヴォルガから流用されたが、荷重対策でリアサスペンションは13型チャイカのものが使われた。3層構造の合わせガラスや、モスクヴィッチから流用した二重安全ブレーキなど、安全対策も強化された。初代ラトビアと同様に、救急車やマルシルートカとしてソ連全土に普及し、1980年のモスクワ五輪でも数多くが公式車両として使われた。

しかし、1980年代後半になると、デザインも機構も時代遅れとなった。1986年には、急ピッチで改良型の「22038型」が設計されたが、部品工場の改修が必要なため量産は当面実現しないことが判明した。つなぎとして、1987年7月に一部改良型「2203-01型」が登場した。当初予定された改良型は、ソ連崩壊後の1994年7月に「22038-02型」としてデビューした。しかし、独立後のラトビアには西側製中古車が大量に流入し、ロシアではGAZ-ガゼルの製造が始まったことで、RAF製マイクロバスの需要は激減した。結局、1997年6月にRAFは倒産した。

《22031-01型》 救急車仕様。担架や行灯、無線、サイレンなどが装備される。

《2802型》 電動のSWB仕様。保養地やクレムリンの地下での使用を目指していた。

《22038-02型》 1994年登場の後期型。欧州製の中古マイクロバスにすら劣る信頼性だった。

《3311型》 積載750kgのダブルキャブトラック。シングルキャブの「33111型」もあった。

《2907型》 モスクワ五輪のために製造された聖火リレー随伴車。低速走行に備えてラジエーターが強化されており、予備のトーチを搭載するために荷室の換気システムも設置されている。

《2909型》 モスクワ五輪の自転車ロードレース随伴車。自転車4両と修理パーツなどを搭載する。

《2910型》 モスクワ五輪のマラソン審判車。電動で、左側にも客室出入口が追加されている。

《3407型》 モスクワ五輪の選手村で稼働していたロードトレイン。VDNKhなどでも使われた。

《ラビーRAF》 フランスの防弾車製造会社との共同で作られた現金輸送車。重すぎて故障が頻発していた。

ErAZ-762

EpA3-762

アルメニア育ちの低耐久性おんぼろバン

«762V» 剛性不足への対応として、1971年に窓枠風のプレスラインを施した「762A」が、1976年に車体側面に凸型プレスラインを追加した「762B」が登場した。1979年には24型ヴォルガのエンジンを搭載した「762V」となり、側面のプレスラインが凹型になった。

車名	762
製造期間	1966-1996年
生産台数	不明
車両寸法	
- 全長	5,030mm
- 全幅	1,810mm
- 全高	2,165mm
- ホイールベース	2,700mm
- 車重	1,475kg
駆動方式	FR
エンジン	ZMZ-21
- 構成	水冷直列4気筒 OHV
- 排気量	2,445cc
- 最高出力	70hp/4,000rpm
- 最大トルク	17.0kgm/2,200rpm
トランスミッション	フロア 3M/T
サスペンション (F/R)	ダブルウィッシュボーンコイル / リジッド縦置きリーフ
最高速度	110km/h
最大積載量	830kg

1950年代末期、ゴスプランは積載1t程度の小型バンの量産を求めた。これに基づいて「RAF-977K」が設計されたが、RAFの生産能力は限界に達していたことから、エレバン自動車工場（ErAZ）を設立して製造を移管することになった。1966年4月には「762」というコードが与えられて量産が始まった。持病であるフロントアクスルの過負荷やボディ剛性の低さは不評で、当初より新型車の開発が進められた。しかし、部品製造の調整が付かず、小規模な改良を繰り返しながら、1995年の破産まで762の製造が続いた。

GAZ-2705/3302/3221

ГАЗ-2705/3302/3221

Газель

ガゼル

GAZの窮地を救った新時代の看板車種

《2705型》 1994-02年式モデルは、トラック「3302型」、バン「2705型」、ミニバス「3221型」に大別される。2705型の中でも、3人乗り積載1,450kgの「フルゴン」と、7人乗り積載1,360kgの「コンビ」がある。上の写真は後者。

車名	3221型
製造期間	1994-2010年
生産台数	約2,000,000台
車両寸法	
- 全長	5,480mm
- 全幅	2,066mm
- 全高	2,120mm
- ホイールベース	2,099mm
- 車重	2,500kg
駆動方式	FR
エンジン	ZMZ-4061
- 構成	水冷直列4気筒DOHC
- 排気量	2,287cc
- 最高出力	88hp/4,500rpm
- 最大トルク	17.3kgm/3,500rpm
トランスミッション	フロア5M/T
サスペンション (F/R)	リジッドコイル/リジッド縦置きリーフ
最高速度	115km/h
定員	9席/9人

1983年、ソ連政府はペレストロイカに伴う民間産業の発展を予測し、普通自動車の免許で運転できる積載1.5tの小型輸送車の開発を指令した。当初の開発はBAZで行われたが、体制が整わずGAZに移管された。GAZでは、ソ連車では初となるCADを用いた設計が行われ、1991年に試作車が完成した。開発中にソ連が崩壊したが、民間産業の爆発的な増加により、この車格の需要は高まっていた。1994年7月に「ガゼル」と名付けられたトラックが先行して登場した。1995年にはバンも追加され、GAZの看板車種となった。

САРБ-Старт
SARB-スタルト

ドンバス生まれの挑戦的ミニバス

《スタルト》 映画『カフカスの虜、及びシューリクの新たなる冒険』の劇中車として使われたことで有名になった。SARBのほかに、ドネツク自動車基地(グラヴドンバスストロイ)とルガンスク自動車組立工場(LASZ)でも同型車が製造された。

車名	スタルト
製造期間	1964-1970年
生産台数	約150台
車両寸法	
- 全長	5,535mm
- 全幅	1,980mm
- 全高	2,085mm
- ホイールベース	2,845mm
- 車重	1,770kg
駆動方式	FR
エンジン	ZMZ-21
- 構成	水冷直列4気筒 OHV
- 排気量	2,445cc
- 最高出力	70hp/4,000rpm
- 最大トルク	17.0kgm/2,200rpm
トランスミッション	コラム 3M/T
サスペンション (F/R)	ダブルウィッシュボーンコイル/リジッド縦置きリーフ
最高速度	110km/h
定員	12席/12人

1957年、産業関連省庁を廃して国民経済会議が発足し、ソ連の自動車業界には既得権益に囚われない多様性の時代が到来した。ルガンスク経済会議は、地域産業の新興のためにグラスファイバーボディの小型観光バスの生産を企図した。開発はセヴェロドネツク自動車修理基地(SARB)が担い、M21型ヴォルガのパーツを流用したミニバス「スタルト」の量産が1964年1月に始まった。テールフィンや独立トランクなどの独創的な設計で注目されたが、高額な製造コストや輸送能力の低さは実用とは程遠く、大量生産はされなかった。

ЗиЛ-118/3207
ZiL-118/3207
ユーノスチ

国内外で絶賛された悲運の高級ミニバス

Юность

«118型» 1962-70年式の111ベースの前期型。国内外からの評価は高かったが、わずか20台程度しか製造されなかった。114/41047ベースの後期型「118K/3207型」も受注生産で、86台の製造にとどまった。

車名	118型	118K型
製造期間	1962-1970年	1975-1991年
生産台数	106台	
車両寸法		
- 全長	6,840mm	6,910mm
- 全幅	2,110mm	2,120mm
- 全高	2,140mm	2,035mm
- ホイールベース	3,760mm	3,760mm
- 車重	3,300kg	3,950kg
駆動方式	FR	
エンジン	ZiL-130	
- 構成	水冷V型8気筒OHV	
- 排気量	5,969cc	
- 最高出力	150hp/3,200rpm	
- 最大トルク	40.8kgm/2,000rpm	
トランスミッション	スイッチ2A/T	フロア3A/T
サスペンション (F/R)	ダブルウィッシュボーンコイル/リジッド縦置きリーフ	
最高速度	120km/h	
定員	18席/18人	

«118A型» クレムリン向けに2台のみ製造された救急車。その場で手術も可能な装備を搭載している。

高級リムジン ZiL-111（p.136 参照）は、タクシー向けにも供給された前任者 110 と異なり、党の最高幹部クラスにしか支給されず、年間 10 台程度しか製造されていなかった。この方針転換によってリムジン製造ラインに生じた余剰を埋めるため、ZiL の若手エンジニアたちは自主的に新型車の設計を開始した。当時、VW のトランスポーターやシボレーのコルベア・グリーンブライアーなど、乗用車ベースのミニバスが世界的に流行していたことから、この潮流に乗って 111 をベースとしたバスが開発された。リムジンで培った高級車のノウハウを活かすべく、ボディパネルに吸音材を入れたり、各席に照明や灰皿、コートフックを設置したりといった快適装備が盛り込まれた。

　このミニバスは、「118 型」というコードに加えて、ロシア語で青年を意味する「ユーノスチ」という名前が付けられた。走行テストを視察したフルシチョフは、ユーノスチを大いに気に入り、テスト終了を待たずに量産計画が承認された。しかし、第七次五カ年計画の予算では生産設備費用を計上できず、量産は先送りされた。その間に後ろ盾だったフルシチョフが失脚し、ユーノスチはお蔵入り寸前の状況となった。

　窮地を救ったのは、1967 年にフランスで開催された旅行イベント「国際バス週間」への出展だった。リムジンベースの高級バスというコンセプトは西側の人々にも受けがよく、ユーノスチは 12 の賞を獲得した。フォードからも共同生産のオファーがあったという。需要があると踏んだ ZiL は、新型リムジン 114 をベースに設計し直し、新たに型式承認を得た「118K 型」を 1975 年 7 月に発表した。もっとも、当時の ZiL は新型トラック 130 の大規模増産で忙しく、さらに予算の都合もあって大規模な量産体制は敷かれなかった。内務省や保健省などからの注文で年間 6 台程度が生産され、肝心の観光用には使われなかった。

《3207 型》 1990 年登場の 41047 をベースとした改良版。外観は 118K 型と変わらない。

1998 年製造の最終生産個体。VAZ-2105 ジグリのライトを装備して近代化を模索した。

《32071 型》 KGB の要請で開発されたハイルーフ仕様。米国大使館前での張り込みに使われていた。

《118KA 型》 救急車。車高が高すぎて要人宅の玄関に入れず、モスクワの救急病院で余生を過ごした。

バスとバン

あとがき

　私が「共産主義車」というものを知ったきっかけは、2011年にBSフジで放映されていた英BBCの自動車番組「トップギア」だった。シーズン8の第6回で「Did the communists make a good car?」という特集が組まれ、ジグリやザポロージェツ、チャイカやトラバントなどが登場した。わずか15分程度の枠だったが、画面に映る車はどれも初めて見るものだった。自分が生まれる前に崩壊した知らない国、聞いたこともないメーカー、珍妙なデザイン、嘲笑される粗末な設計……。これらの情景は、舌鋒鋭い同番組司会者の辛辣な解説とともに、当時中学生だった私の脳裏に鮮烈に刻まれた。

　これを出発点に、私は共産主義車の沼にはまった。当初は嘲笑の対象でしかなかったが、閉鎖的な市場で独自の進化を遂げ、多くの制約の下で関係者が必死に開発した末に生まれたポンコツ車というものが、次第に愛らしくてたまらなくなった。このポンコツどもを一目見ようと、そのためだけに旧ソ連諸国に何度も足を運んだ。とあるロシア人には「日本車が好きなロシア人はたくさんいるが、ロシア車が好きな日本人はお前が初めてだ」と呆れられた。だが、そう語る彼女の顔はどこか誇らしげだった。旧ソ連各地の自動車博物館でも、ソ連の自動車は「我々の歴史」として丁重に扱われていた。ソ連車は、たとえポンコツであろうとも、人民と共に歴史を歩み、苦楽を共にし、朽ち果てるまでしばかれ、そして愛された存在だったのだ。

　ところが、日本ではソ連の自動車というものは、謎多き珍妙な存在としてしか扱われない。当時の外国車カタログなどには一応言及はあるものの、編集担当者がキリル文字にあかるくなかったのか、工場名すら間違っていたりする。ソ連崩壊から10年以上経ってようやくムックなどで正しく紹介されることもでてきたが、それでも「こんな車があったんですね」程度の扱いだ。愛すべきポンコツ車たちの魅力を誰かと共有したい。そう考え、2018年に自身のブログで「共産車探訪」と銘打ってソ連をはじめとする社会主義圏の自動車を紹介する記事を書き始めた。これをご覧になった合同会社パブリブの濱崎氏より書籍化の提案を頂き、本書の企画がスタートするに至った。

　本書の執筆と写真の撮影にあたっては、旧ソ連各地の自動車博物館に大変世話になった。拙いロシア語や英語で質問攻めにしてくる怪しい外国人にも熱心に付き合ってくださった学芸員の皆様のおかげで、様々なソ連車知識を蓄えることができた。また、このような機会を与えてくださり、さらに遅々として上がらない原稿に根気よく付き合ってくださった濱崎氏、「お前の本は一体いつ出るんだ」と尻を叩いてくれた家族と友人知人の皆様にも、改めて感謝を申し上げたい。

　ソ連の崩壊から30年余、インターネットの発達により情報へのアクセスが容易になったことで、鉄のカーテンの向こう側だった旧共産圏の文化への注目度は、日本でも高まっている。まえがきでも触れたとおり、自動車というものは世相・文化の生き写しである。自動車を通じてソ連を感じ、笑い、感嘆し、そして残念なポンコツ車たちを愛でていただければ幸いである。

参考文献

・書籍
Шугуров Л.М.『Автомобили России и СССР』Издательство ИЛБИ、1994 年
Канунников С.В.『Отечественные Легковые Автомобили』Издательство За Рулем、2013 年
『Автолегенды СССР』Де Агостини、2009 〜 2021 年
『Автолегенды СССР Грузовики』Де Агостини、2017 〜 2019 年
『Легендарные Грузовики СССР』Модимио、2018 〜 2025 年
『Наши Автобусы』Модимио、2019 〜 2025 年
『Легендарные Советские Автомобили』Ашет Коллекция、2017 〜 2022 年

・論文
A.sl. ミニューク「ソ連の自動車工場と接収ドイツ製設備技術（1945-50 年）」源河朝典・岩崎一郎・杉浦史和・島信之訳『岡山大学経済学会雑誌』第 34 巻第 3 号、2002 年
井上昭一「ソ連の自動車事情（1）」『関西大学商学論集』第 36 巻第 6 号、1992 年
井上昭一「ソ連の自動車事情（2）」『関西大学商学論集』第 37 巻第 1 号、1992 年
Прокофьева Е.Ю.「История отечественной автомобильной промышленности от единичного к массовому типу организации производства (1896-1991 гг.)」サマーラ大学歴史科学博士論文、2011 年
Кочеров Е.П. 他「К вопросу о развитии тематики роторно-поршневых двигателей за рубежом и в России」『Вестник Самарского государственного аэрокосмического университета им. академика С.П. Королева』第 10 巻第 3-3 号、2011 年

・Web サイト
За рулем　https://www.zr.ru
Україна За кермом　https://uzr.com.ua
5 Колесо　https://5koleso.ru
Грузовик Пресс　https://www.gruzovikpress.ru
Колеса.ru　https://www.kolesa.ru
Дром　https://www.drom.ru
Auto.ru　https://auto.ru
Autonews　https://www.autonews.ru
Авто Ревю　https://autoreview.ru
AutoHS　https://autohs.ru
Motor　https://motor.ru
Wroom　https://wroom.ru
ST-KT　https://st-kt.ru
Daily-Motor　https://daily-motor.ru
Truck-Auto　https://truck-auto.info
Военное Обозрение　https://topwar.ru
Музей Транспорта Москвы　https://mtmuseum.ru
Автоклассика　https://avtoclassika.com
Автомодельное Бюро　http://denisovets.ru
Автоспорт в СССР　http://www.ussr-autosport.ru
Отечественный Автопром　https://www.nashi-avto.ru
История Пожарных Автомобилей СССР и СНГ　https://firedesign.narod.ru/history_fire_vehicles
Russia Beyond　https://www.rbth.com
Tech Insider　https://www.techinsider.ru
Назад в СССР　https://back-in-ussr.com
Книга Войны　https://warbook.club
Армия Сегодня　https://army-today.ru
RussoAuto　http://russoauto.ru

松本京太郎 著

1996年生まれ。幼少期からの自動車好き。スーパーカー、ヴィンテージカー、族車、ローライダーなど様々な趣向を経るも、生来よりの天邪鬼根性が祟り、辿り着いたのは「共産主義車」だった。ソ連車の魅力に取り憑かれ、自動車を見るためだけにロシアに渡航したところ、旅行にもハマってしまい、東欧圏を中心とした徘徊も趣味に加わった。

メールアドレス
p7dee42de464y@gmail.com

Twitter(X) ちゅうさま
@chusama1212

共産趣味インターナショナル Vol.9

共産主義車

ソ連編

2025年5月10日　初版第1刷発行
著者：松本京太郎
装幀＆デザイン：合同会社パブリブ
発行人：濱崎誉史朗
発行所：合同会社パブリブ
〒103-0004
東京都中央区東日本橋2丁目28番4号
日本橋CETビル2階
03-6383-1810
office@publibjp.com
印刷＆製本：シナノ印刷株式会社